有機高分子化合物

― 有機化学特講〈続編〉―

大西憲昇著

東京　玄文社

有機高分子化合物
―有機化学特講(続編)―

大西　憲昇著

も　く　じ

1，繊　　維 ……………1
- 天然繊維から人造繊維へ――1　　• 繊維の形成法――3
- 繊維の分類――4

2，合成繊維（その1） ……………6
- 高分子化合物の合成法――6　　• ナイロン――7
- ナイロンの性質――11　　• ナイロンの用途――12

3，合成繊維（その2） ……………13
- ベックマン転位とオキシムの立体化学――13　　• ポリエス
テル系繊維――14　　• ポリアクリロニトリル繊維――16
- 関連問題――17

4，合成繊維（その3） ……………19
- ビニロン――19　　• 関連問題――20

5，合成繊維（その4） ……………27
- ポリオレフィン系繊維――27　　• ポリ塩化ビニル繊維――29
- ポリ塩化ビニリデン繊維――29　　• ポリウレタン繊維――30
- 無機性繊維――30

6，合成樹脂（その1） ……………33
- ポリエチレン――34　　• ポリプロピレン――34　　• ポリブテ
ン――35　　• ポリ塩化ビニル――35　　• ポリ酢酸ビニル――36

・ポリビニルアルコール――36 ・ポリ塩化ビニリデン――36

・ホルマール樹脂――37 ・ブチラール樹脂――37 ・ポリ

アクリロニトリル――37

7， 合成樹脂 （その2)， 熱硬化性樹脂 （その1 ） ……………38

・ポリメタアクリル酸メチル――38 ・ポリスチレン――38

・スチレン共重合体――39 ・ポリアミド樹脂――39

〔熱硬化性樹脂〕・フェノール・ホルムアルデヒド樹脂，ベーク

ライト――40 ・尿素樹脂（ユリア樹脂）――42

8， 熱硬化性樹脂 （その2) ……………43

・メラニン樹脂――43 ・グリプタル樹脂――44

・関連問題――44

9， 関連問題 ……………51

10， ゴム （その1) ……………57

・天然ゴム――57 ・スチレン–ブタジエンゴム――59 ・アク

リロニトリル–ブタジエンゴム――60

11， ゴム （その2) ……………61

・クロロプレンゴム――61 ・関連問題――62

12， イオン交換樹脂 ……………68

・陽イオン交換樹脂――69 ・陰イオン交換樹脂――70

・両性イオン交換樹脂――72 ・イオン交換膜――73

・関連問題――74

(以上『医歯薬進学』〈1985年版連載〉)

理科系特別単科ゼミ

有機高分子化合物(1)
――繊　維――

明治薬科大講師・代々木ゼミナール講師・中央ゼミナール講師
大西　憲昇

*　　*　　*

　一般に分子量が10,000以上で，主として共有結合でできている分子を高分子 (high molecule) といい，分子量が数100以下のものを低分子 (low molecule)，分子量が1,000より大きく10,000より小さい分子を準高分子 (semi-high molecule) という。高分子は，また巨大分子 (macromolecule) ともいわれ，ダイヤモンドやグラファイト（黒鉛, 石墨）のような単体の高分子に対してケイ酸塩，アルミノケイ酸塩，デンプン，セルロース，タンパク質，ゴム，ナイロン，テトロン，ビニロン等のように分子量が10,000 を超す化合物を**高分子化合物**（high molecular compound）という。

高分子化合物の分類

　その高分子が無機物からできている化合物を**無機性高分子化合物，**　有機物からなる化合物を**有機性高分子化合物**という。

高分子化合物
　―無機性高分子化合物……石英，ケイ酸塩（ガラス，アスベスト等）など。
　―有機性高分子化合物……デンプン，セルロース，ゴム，ナイロン，テトロン，ビニロンなど。

　また，天然に存在するか，人間が人工的に合成してつくったかによって次のようにも分類できる。

高分子化合物
　―天然高分子化合物……石英，雲母，アスベスト，絹，羊毛，ラクダ毛，カシミヤ，アルパカ，木綿，麻，天然ゴムなど。
　―合成高分子化合物……合成繊維，合成樹脂，合成ゴムなど。

繊　維

天然繊維から人造繊維へ

　人類は大昔より繊維を使用していた。およそ1万年前，スイスでは羊が家畜として飼われだした頃，現在知られている最も古い織物があったらしい。それはスイスの湖底から発見された新石器時代の麻の製品で，既に，麻の繊維が人間の手によって糸につむがれ，布に織られていたのである。また，古代エジプトでも麻の織物が発達し，ミイラを包んだ布は麻製品であった。木綿は紀元前5000年頃初めてインドや南米インカ帝国で栽培され，布に織られた。

　麻や綿のような植物繊維に対し，動物繊維はアジアで発展した。すなわち絹の織物がつくられたのは紀元前2000年頃，中国の黄帝妃の西陵が蚕（かいこ）を飼い，そのまゆから糸をとり，これを織機を用いて布に織ったのが最初であるといわれている。そして絹は長い間，中国の特産物であった。その養蚕技術が日本へ伝わってきたのは，応神天皇の頃であり，ヨーロッパへは7世紀にイタリアにまず伝わった。それまでは絹製品が紀元前2世紀頃につくられたシルクロードを通ってヨーロッパに運ばれた。

　日本における最古の織物は，登呂遺跡から発見された麻の織物で，約2000年前の弥生時代のものである。そして本格的な機械を用いて織物をつくる技術が大陸から伝わってきたのは，応神天皇の時代といわれている。また毛織物がポルトガルから伝わってきたのは桃山時代である。江戸時代には羊が輸入され，麻，木綿，絹，羊毛の国産の繊維製品が出揃ったのは明治の初期であった。

　麻，綿，羊毛，絹は四大天然繊維と呼ばれているが，絹以外の繊維は短いので，その短い繊維を平行に並べ撚りをかけて糸にしなければならない。この操作を**紡績**という。これに対して絹の繊維は極めて長くまゆ1個が1本の繊維からできていてその長さも数百メートルはある。このため紡績しなくてもよい上に，絹は細く，美しい輝きをもち，しなやかで，しかも強度，弾力も他の繊維にくらべてすぐれている。そこで何とかして蚕の口を借りないで，人間の手でつくれないか，と考えられたのである。

1655年，イギリスのフークは膠のようなもので人工的に糸をつくった。1734年，レオムールがゴム汁，樹脂液から絹糸のような繊維をつくった。1846〜1847年シェーンバインは木綿（セルロース）に混酸を作用して硝酸セルロースをつくって人造絹糸の製造が次第に具体化されるようになった。1884年，フランスのシャルドンネ伯は硝酸セルロースから人工絹糸を造る特許をとった。これがシャルドンネ人絹である。1892年，イギリスのクロス，ベバン，ビードルの3人はビスコースをつくり，いわゆるビスコース・レーヨン（『有機化学特講』p. 114 参照）をつくった。

　1857年，セルロース繊維が硫酸銅の水溶液に濃アンモニア水を多量に加えてつくった溶液（シュワイツァ試液）に溶けることをスイスのシュワイツァ（Schweizer）が発見し，これから銅アンモニア・レーヨン（『有機化学特講』p. 114 参照）がつくられた。そしてドイツのベンベルグ社がその製造会社をイギリス，アメリカ，イタリア，日本にもつくった。

　また，非常に燃えやすい硝酸セルロースの代わりに，セルロースをアセチル化した酢酸セルロースが繊維やフィルムに使用されるようになったのは，第1次世界大戦後のことである。第1次世界大戦中，羊毛および綿花の不足に悩んだドイツでは人造絹糸を適当に短く切断して，これを綿の代用に用いることを考案した。これがステープル・ファイバー（略して，スフという）である。

　以上，ニトロセルロース，銅アンモニアレーヨン，ビスコースレーヨン，アセテートレーヨンなど，どの人造繊維も，原料はセルロースであったが，1935年，イタリア人，フェレッチーが，タンパク質である牛乳の中のカゼインを原料とした人造繊維ラニタールを発売した。また，わが国でも大豆のタンパク質を用いて繊維を製造したことがあり，その後，ピーナツやコーンを原料とするタンパク質人造繊維が工業化されたことがあるが，今日では生産されていない。

　以上，述べてきた人造繊維の原料は天然にあるセルロースやタンパク質であるが，一方で全く人工的に人間の手によって繊維をつくろうとする努力も行われるようになった。すなわち**合成繊維**の開発がそれである。

　繊維をつくっている分子は，分子自身の形も細長いことが望ましく，さらにその分子が集まって結晶をつくる性質をもっていることが好ましいと考えられた。この研究に正面から取り組み，成功したのがアメリカのデュポン（Du Pont）社の**カローザス**（W.H. Carothers）である。

　1938年（昭和13年）10月27日，ニューヨークのヘラルド・トリビューン会館で，デュポン社の研究担当副社長スタインは劇的なナイロン（Nylon）合成に成功したという発表の記者会見を行った。これがあとの世まで残る「鋼鉄より強く，くもの糸より細く，石炭と

デュポン社実験室のカローザス

空気と水からつくったすぐれた弾性と光沢とをもつタンパク質に似た繊維」という名文句であった。このニュースはただちに世界のすみずみまで拡がった。その中でも特に大きなショックを受けたのは，日中戦争で勝利に湧いていた日本であった。日本は当時，世界一の絹および人造絹糸の輸出国であった。当然，絹と人絹がナイロンにとってかわられたらという大きな不安が生まれたわけである。

　その頃，日本の学者はデュポン社が合成繊維「ファイバー66」を研究中という新聞のスクープ記事やナイロンの発明者カローザスの特許や研究論文からある程度は予想していたらしい。昭和13年になると日本の企業はナイロンの見本を手に入れることができた。これをX線研究，加水分解の研究からアジピン酸 $HOOC-CH_2-CH_2-CH_2-CH_2-COOH$ とヘキサメチレンジアミン $H_2N-CH_2-CH_2-CH_2-CH_2-CH_2-CH_2-NH_2$ とからつくられたポリアミドであることを確かめた。そしてアジピン酸もヘキサメチレンジアミンもともに炭素を1分子中に6個もつ化合物であるから，この繊維はナイロン66（または 66-ナイロン）と呼ばれた。アジピン酸はフェノール（石炭酸）と水素と酸素から，ヘキサメチレンジアミンはアジピン酸とアンモニアと水素からつくる。

　フェノールは，石炭から得られるコールタールから（現在では主として石油から），水素は水から，酸素は空気から，アンモニアは空気と水から合成されるからナイロンはまさに「石炭と水と空気」よりつくられたものである。

　1940年1月，デュポン社はナイロンの本格的生産を開始し，同年5月15日にはナイロン製のストッキングが全米各地で一斉に市販された。事前の広告も手伝って，店頭に出た500万足のストッキングが当日で売り尽くされたという。そのころ生糸のアメリカへの我が国の輸出量は年間，約6000万ポンドで，そのうちの約半分の量がストッキングに使われていた。アメリカ女

性の靴下が，わが国の200万戸といわれた養蚕農家を支えていたのである。逆に生糸の大半を日本や中国にたよっていたアメリカにとってナイロンの出現は一国の経済に関わる重要な意味をもっていた。このことが更に大戦前夜の日米間の緊張状態の中で，アメリカ人のナショナリズムをあおり立てた。Nylon という名称が，「Nuts You Lousy Old Nipponese」（このバカで薄汚い老いぼれ日本人）という悪口の頭文字から成るとうわさされたのもそのせいであった。太平洋戦争勃発とともに，ナイロンの全製品は軍需品に使用され，従来の絹製パラシュート，レーヨン製タイヤコードなどはナイロン製にとって変わった。そして「ナイロン戦争に行く」とささやかれた。戦後は再び多方面に利用され，以来「**繊維の王者 (King of fibers)**」として業界に君臨することになる。

ナイロンの生みの親，ウオーレス・ヒューム・カローザスは1896年，アメリカのアイオワ州に生まれた。ターキオ大学を卒業後，イリノイ大学で有機電子論の研究で学位を得，その後イリノイ大学とハーバート大学の講師を経て，33歳のとき，デュポン社の基礎研究部長に迎えられる。その後，科学技術史のうえで画期的な仕事であるナイロンの出現を見ることなく，1937年（昭和12年）4月29日の早朝，突然ホテル・フィラデルフィアンの一室で，青酸カリにより41歳の短い生涯を閉じたのである——。

日本でナイロンが最初につくられたのは昭和18年，東洋レーヨンでε-カプロラクタムの開環重合でつくられたナイロン6であった。米国でナイロンが発表された2年前，京都帝国大学に日本化学繊維研究所が設立され，そこで国産合成繊維第1号ビニロンが発表された。それはナイロン発表後1年たったときであった。

1941年，イギリスのキャリコプリンター社の技術者，ウィンフィルドとディクソンは，

テレフタール酸 HOOC-⟨O⟩-COOH

とエチレングリコール HO-CH$_2$-CH$_2$-OH より結晶性の高分子ポリエステルであるポリエチレンテレフタレートの合成に成功した。この繊維はICI社によってテリレンという名で1946年，工業生産された。1953年，デュポン社もデクロンという商品名で生産開始し，我が国でも1958年東洋レーヨンと帝人がライセンスを受けてテトロンという名で生産している。そして，1971年まで合成繊維の第1位を占めていたナイロンにとってかわり，その後はこれが首位を占めるようになった。その他，アクリル繊維，ポリエチレン，ポリ塩化ビニル，ポリプロピレン，ポリ塩化ビニリデンなどの合成繊維がつくられた。これらは**三大合成繊維**といわれる**ナイロン，ポリエステル，アクリル**に比し生産量は，はるかに少ないが，それぞれに適した用途に用いられている。

繊維の形成法（紡糸）

固体の高分子から繊維をつくるには，固体を加熱して融解するか，または適当な溶剤に溶かすかして，まず液状にする。この液体を細い口金（ノズル）から連続的に押し出して細い繊維をつくる。この工程を**紡糸 (spinning)** といい，俗に「糸を引くと」いう。この紡糸には次のような方法がある。

1. 湿式紡糸法

ビスコースレーヨンは，まず木材パルプに含まれているセルロースを水酸化ナトリウム水溶液に溶かしてアルカリセルロースとし，次いで，これに二硫化炭素を作用させてセルロースキサントゲン酸ナトリウムとし，それをうすい水酸化ナトリウム水溶液に溶かして得られる。その際ビスコースという高い粘度の液が得られる。

この液を細い口金から酸の中へ押し出すと，ビスコースは酸でかたまり，細い繊維になり，連続的に巻きとられていく。このように溶液の中へ押し出して繊維にするので**湿式紡糸**ともいわれている。パルプを銅アンモニア液（シュワイツァー試液）に溶かして紡糸する銅アンモニア・レーヨン（キュプラ，ベンベルグ・レーヨン）も，ビニロン，アクリル繊維もこの方法でつくられている。

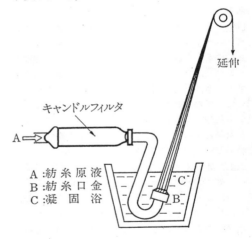

A：紡糸原液
B：紡糸口金
C：凝固浴

2. 乾式紡糸法

アセテートレーヨンは，固体の酢酸セルロースをアセトンに溶かし，ノズルから温い空気中に押し出して得られる。温かい空気は溶剤のアセトンを蒸発させるため，アセテートレーヨンができる。蒸発したアセトンは回収して再び用いられる。このように原料高分子を揮発性有機溶剤に溶かして紡糸口金の細孔から空気中に押し出して溶剤を蒸発回収しながら繊維とするので，この方法を**乾式紡糸**といわれている。

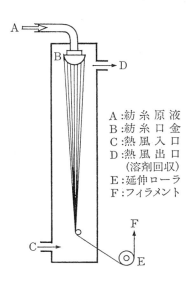

A：紡糸原液
B：紡糸口金
C：熱風入口
D：熱風出口
　　（溶剤回収）
E：延伸ローラ
F：フィラメント

以上の方法でつくられた糸はそのままでは弱いので力を加えて引き伸ばすと強度が増加する。この工程を**延伸**（えんしん）といい，延伸によって繊維の分子がタテ方向に整然と並び強くなる。

繊維の分類

紡織繊維（textil fiber）として使用できる繊維の種類はきわめて多いが，まず，天然に存在する**天然繊維**（nutural fiber）と化学的方法で人工的につくられる**化学繊維**（chemical fiber）の2つに大別される。天然繊維は植物，動物，鉱物からとれるもので古くから人間が使用してきたもので，植物繊維（vegetable fiber），動物繊維（animal fiber）および鉱物繊維（mineral fiber）に分けられる。化学繊維は天然繊維の天然資源としての量的な不足を補い，また天然繊維には求められないようなすぐれた諸性質をそなえた繊維で化学的方法で人工的に開発されたものである。それは再性繊維（regenerated fiber），半合成繊維（semi-synthetic fiber），合成繊維（synthetic fiber），無機繊維（in-organic fiber）とに分けられる。

3. 溶融紡糸法

ナイロンやポリエステルは加熱すると 250℃ 付近で融解して液体になるので，これより少し高温まで加熱しておいて，ノズルから空気中（ときには窒素ガス中）に押し出す。融解した高分子は冷えて固まり繊維になる。この方法は溶解剤や凝固剤が必要でなく，高速紡糸ができるという利点をもっている。ナイロン，ポリエステル以外にはビニリデン，ポリプロピレン，ポリエチレン等の合成繊維もこの方法でつくられている。

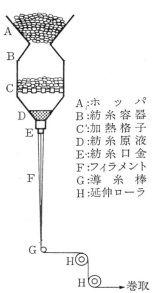

A：ホッパ
B：紡糸容器
C：加熱格子
D：紡糸原液
E：紡糸口金
F：フィラメント
G：導糸棒
H：延伸ローラ

→巻取

化　学　繊　維　の　分　類

分 類 名	製 造 上 の 特 徴
再生繊維	天然高分子を，化学作用によって，その誘導体として溶解したのち，元の化学組成の高分子として再生し，繊維としたもの。
半合成繊維	天然高分子の骨格はそのままとし，これに比較的多量の合成物質を化学結合させることによって作られる繊維。
合成繊維	低分子物質を，縮合・重合などの化学合成によって高分子物質とし，これによって作られる繊維。
無機繊維	無機材料を，高温度で加熱溶融し，これを細孔を通すことによって作られる繊維。または金属を細く圧延して繊維としたもの。

次に，繊維の分類とその例を示す。

(5)

```
繊維─┬─天然繊維─┬─植物繊維（セルロース高分子）──木綿，麻，亜麻，黄麻，大麻，苧麻
     │          ├─動物繊維（タンパク質高分子）──絹，羊毛，山羊毛，ラクダ毛，カシミヤ，アルパカ，モヘヤ，アンゴラ毛
     │          └─鉱物繊維──石綿（アスベスト）
     │
     └─化学繊維─┬─再生繊維─┬─セルロース系──ビスコースレーヨン，銅アンモニアレーヨン
       (人造繊維) │          ├─タンパク質系──カゼイン繊維，落花生タンパク質繊維，とうもろこしタンパク質繊維，大豆タンパク質繊維，再生絹糸
                  │          └─その他──アルギン酸繊維，キチン繊維，マンナン繊維，ゴム繊維
                  │
                  ├─半合成繊維─┬─セルロース系──アセテート，トリアセテート，酸化アセテート
                  │            ├─タンパク質系──プロミックス
                  │            └─その他──塩化ゴム，塩酸ゴム
                  │
                  ├─合成繊維─┬─ポリアミド系──ナイロン66，ナイロン6，ナイロン11，ナイロン610，ナイロン612，ナイロン4
                  │          ├─ポリエステル系──テトロン（テリレン，デクロン）
                  │          ├─ポリアクリロニトリル系──カシミロン，ボンネル，エクスラン，ベスロン，カネカロン，オーロン，クレスラン
                  │          ├─ポリビニルアルコール系──ビニロン，ビロン
                  │          ├─ポリプロピレン系──ポリプロ，パイレン
                  │          ├─ポリ塩化ビニル系──テビロン，バルレン
                  │          ├─ポリエチレン系──ハイゼックス，カネライト
                  │          ├─ポリ塩化ビニリデン系──サラン
                  │          ├─ポリウレタン系──オペロン，スパンデックス
                  │          ├─ポリンアン化ビニリデン系──ファーロン
                  │          ├─ポリスチレン系──ポリスチレン
                  │          ├─フッ素系──トヨフロン
                  │          └─その他
                  │
                  └─無機繊維──金属繊維，ガラス繊維，炭素繊維，岩石繊維，鉱さい繊維
```

理科系特別単科ゼミ 化学

有機高分子化合物(2)
——合成繊維〈その1〉——

明治薬科大講師・代々木ゼミナール講師・中央ゼミナール講師
大西 憲昇

高分子化合物の合成法

高分子化合物のつくり方をその反応形式から分類すると次のようになる。

(1) 付加重合　　(2) 縮合重合または重縮合
(3) 開環重合　　(4) 重付加　　(5) 付加縮合

(1) 付加重合 (addition polymerization)

光，放射線，熱，触媒等の作用をうけて，モノマー（単量体）の二重結合が開き，これが他のモノマー分子に連鎖的に反応して高分子を生成する。アルケンやビニル化合物の重合はその例である。たとえば，

$$n\,CH_2=CH-CH_3 \xrightarrow{Al(C_2H_5)_3+TiCl_3 \text{チーグラー・ナッタ触媒}} -CH_2-CH(CH_3)-CH_2-CH(CH_3)-$$

プロピレン　　　　　　　　　　　ポリプロピレン

$$n\,CH_2=CHCl \xrightarrow{\text{過酸化ベンゾイル}} -CH_2-CHCl-CH_2-CHCl-$$

塩化ビニル　　　　　　　　ポリ塩化ビニル

炭素炭素間の三重結合 $-C\equiv C-$ ，炭素酸素間の二重結合 $>C=O$ などもこの型の付加重合を行うことができる。

$$n\,H_2C=O \xrightarrow[\text{低温}]{\text{触媒}} -CH_2-O-CH_2-O-CH_2-$$

ホルムアルデヒド　　ポリオキシメチレン（商品名：デルリン）

(2) 縮合重合 (condensation polymerization) または重縮合 (polycondensation)

分子間で水やアンモニアのような小さな分子がとれて互いに結合する縮合を繰り返しながら高分子になっていく重合を縮合重合，重縮合またはポリ縮合という。エステル縮合を繰り返すポリエステル，酸アミド結合を繰り返すポリアミドの生成反応はその適例である。この場合，生成した高分子は各成分が水を放出して縮合したものである。

$$n\,HOOC-C_6H_4-COOH + n\,HO-CH_2-CH_2-OH$$

テレフタル酸　　　　　エチレングリコール

$$\longrightarrow HO-[OC-C_6H_4-COO-CH_2-CH_2-O-]_n H + (2n-1)H_2O$$

ポリエチレンテレフタレート（テトロン）

$$n\,HOOC-(CH_2)_4-COOH + n\,H_2N-(CH_2)_6-NH_2$$

アジピン酸　　　　　ヘキサメチレンジアミン

$$\longrightarrow HO-[OC-(CH_2)_4-COHN-(CH_2)_6-NH-]_n H + (2n-1)H_2O$$

ポリヘキサメチレンアジポアミド（ナイロン-66）

(3) 開環重合

ある種の環状化合物は環を開いて互いに重合する。たとえば，次のようなものがある。

$$n \begin{pmatrix} CO-NH-CH_2-CH_2 \\ CH_2-CH_2-CH_2 \end{pmatrix} \xrightarrow[\text{(加熱)}]{\text{触媒}} (-CO-(CH_2)_5-NH-)_n$$

ε-カプロラクタム　　　　　　　ナイロン-6

このとき触媒として酸，塩基，塩または少量の水などが用いられる。

$$n \begin{pmatrix} CH_2-CH_2 \\ O \end{pmatrix} \xrightarrow{SrCO_3} (-CH_2-CH_2-O-)_n$$

エチレンオキシド　　　　　ポリエチレンオキシド

(4) 重付加 (polyaddition)

付加反応の繰り返しによって階段的に高分子が生成する。

$$n\,O=C=N-(CH_2)_6-N=C=O + n\,HO-(CH_2)_4-OH$$

ヘキサメチレン　　　　　　　テトラメチレン
ジイソシアナート　　　　　　グリコール

$$\longrightarrow \left[-\underset{\underset{O}{\|}}{C}-NH-(CH_2)_6-NH-\underset{\underset{O}{\|}}{C}-O-(CH_2)_4-O- \right]_n$$

ポリウレタン

基本的には，O=C=N- の π 結合が開いて，これにテトラメチレングリコールがHとそれ以外に分かれて付加したわけで，(1)の付加重合に似ているが反応の本性は付加重合とはまったく違ったものである。付加重合では，モノマーはビニル系のモノマーで示されるように炭素間の二重結合の中の π 結合が開いて互いに結合がおこるが，重付加では，一方のモノマーの分子は π 結合を開き，他のモノマーはHとそれ以外に分かれてそれに結合する。したがって，重付加のことを**水素移動重合**ともよんでいる。重付加は，π 結合をもった分子と水素を提供できる分子，たとえば -OH や -NH$_2$ をもつ分子の間で行われる。もう一つの重付加の例を示そう。

$$n \ O=C=CH-R-CH=C=O + n \ H_2N-R'-NH_2$$
ジケテン　　　　　　　　ジアミン

$$\longrightarrow \left[-\underset{O}{C}-CH_2-R-CH_2-\underset{O}{C}-NH-R'-NH- \right]_n$$
ポリアミド

この場合は矢印の二重結合の中の π 結合が開き，これにジアンミンの -NH$_2$ のHが1つ移動して付加が起こったものである。

(5)付加縮合

まず付加反応がおこり，ついで縮合反応がおこる。これを繰り返して高分子が形成される。たとえば，フェノール(石炭酸)にホルムアルデヒドを作用すると，ホルムアルデヒドのカルボニル基にフェノールが付加する。そしてフェノールのオルトまたはパラの位置にメチロール基 -CH$_2$-OH がはいる。

次に，これらのメチロール化体やフェノールの間で水がとれる縮合反応がおこってフェノール樹脂になる。

このように付加反応と重合反応が繰り返して高分子化合物が生成する。この他，尿素とホルムアルデヒドより付加縮合により生成する尿素樹脂，メラミンとホルムアルデヒドより生成するメラミン樹脂などは付加縮合の例である。

合成繊維各論

1. ナイロン (Nylon)

モノマーが酸アミド結合 -CONH- によって長鎖状合成高分子からなる繊維をポリアミド系繊維またはナイロンと呼ぶ。

[ⅰ] ナイロン-66 (または 66-ナイロン)

アメリカのカローザスによって発明された最初の合成繊維で，ジカルボン酸であるアジピン酸

$$HOOC-CH_2-CH_2-CH_2-CH_2-COOH$$

と，ジアミンであるヘキサメチレンジアミン

$$H_2N-CH_2-CH_2-CH_2-CH_2-CH_2-CH_2-NH_2$$

が縮重合して生成したもので，いずれも炭素の数が6個である化合物よりなるのでナイロン-66 という。

原料であるアジピン酸は，石炭より得られるフェノールまたはベンゼンが原料であったが，今日では石油より得られるベンゼンからシクロヘキサンをつくり，これが原料として使用されている。

まず，ベンゼンおよびフェノールからアジピン酸を合成してみよう。ベンゼンを Dow 法，Rashig 法，スルホン酸のアルカリ融解，クメン法などによりフェノールを合成する。

ベンゼンに o, p-配向性の基 -OH がついてフェノールになるとベンゼンより反応性に富むようになり，ベンゼンより容易に水素付加をしてシクロヘキサノールになる。ついでこれを硝酸で酸化してアジピン酸が得られる。

また石油化学で得られたベンゼンを還元して，シクロヘキサンをつくり，これを空気酸化してシクロヘキサノールおよびシクロヘキサノンとし，これを硝酸で酸化してアジピン酸をつくる。

$$\text{ベンゼン} \xrightarrow{3H_2} \text{シクロヘキサン} \xrightarrow{O_2} \text{シクロヘキサノール} \xrightarrow{O_2} \text{シクロヘキサノン} \xrightarrow{HNO_3}$$

$$\underset{\text{アジピン酸}}{HOOC-(CH_2)_4-COOH}$$

次に，もう1つの原料であるヘキサメチレンジアミンはいろいろな方法でつくられる。

(i) アジピン酸よりつくる

前記の方法でつくったアジピン酸を加熱して蒸気にし，これをアンモニアガスと混合して，約350℃に加熱すると脱水がおこって，アジポニトリルが得られる。

$$HOOC-(CH_2)_4-COOH+2\,NH_3$$
$$\longrightarrow \underset{\text{アジピン酸アンモニウム}}{H_4NOOC-(CH_2)_4-COONH_4}$$

$$H_4NOOC-(CH_2)_4-COONH_4$$
$$\longrightarrow \underset{\text{アジポニトリル}}{NC-(CH_2)_4-CN+4\,H_2O}$$

アジポニトリルを接触還元するとニトリル基はアミノ基にかわり，ヘキサメチレンジアミンが得られる。

$$NC-(CH_2)_4-CN+4\,H_2 \longrightarrow \underset{\text{ヘキサメチレンジアミン}}{H_2N-(CH_2)_6-NH_2}$$

(ii) 1,3-ブタジエンよりつくる

アセチレンの重合等で得られる 1,3-ブタジエン 1 mol に塩素 Cl_2 1 mol を作用させると，1,4-付加がおこって 1,4-ジクロロ-2-ブテンとなる。

$$\underset{\text{1,3-ブタジエン}}{CH_2=CH-CH=CH_2+Cl_2}$$
$$\longrightarrow \underset{\text{1,4-ジクロロ-2-ブテン}}{Cl-CH_2-CH=CH-CH_2-Cl}$$

この -Cl を -CN に置換するには，これにシアン化カリウム KCN を作用すればよい。

$$Cl-CH_2-CH=CH-CH_2-Cl+2\,KCN$$
$$\longrightarrow \underset{\text{1,4-ジシアノ-2-ブテン}}{NC-CH_2-CH=CH-CH_2-CN+2\,KCl}$$

これに H_2 を付加させると，アジポニトリルを経てヘキサメチレンジアミンになる。

$$NC-CH_2-CH=CH-CH_2-CN+H_2 \longrightarrow \underset{\text{アジポニトリル}}{NC-(CH_2)_4-CN}$$

$$NC-(CH_2)_4-CN+4\,H_2 \longrightarrow \underset{\text{ヘキサメチレンジアミン}}{H_2N-(CH_2)_6-NH_2}$$

(iii) アクリロニトリルよりつくる

アクリロニトリルを接触還元してつくる方法で，まずアジポニトリルを生じ，これをさらに還元してヘキサメチレンジアミンにする。

$$\underset{\text{アクリロニトリル}}{2\,CH_2=CH-CN}+H_2 \longrightarrow \underset{\text{アジポニトリル}}{NC-(CH_2)_4-CN}$$

$$NC-(CH_2)_4-CN+4\,H_2 \longrightarrow \underset{\text{ヘキサメチレンジアミン}}{H_2N-(CH_2)_6-NH_2}$$

(iv) ε-カプロラクタムよりつくる

石炭酸より得られた ε-カプロラクタムと NH_3 を混合加熱すると，開環脱水がおこって ε-アミノカプロニトリルが得られる。

$$\underset{\text{ε-アミノカプロン酸アミド}}{\text{ε-カプロラクタム} +NH_3 \longrightarrow H_2N-(CH_2)_5-CONH_2}$$

$$\underset{\text{ε-アミノカプロニトリル}}{H_2N-(CH_2)_5CONH_2 \longrightarrow H_2N-(CH_2)_5-CN}$$

これを接触還元してヘキサメチレンジアミンが得られる。

$$NC-(CH_2)_5-CN+2\,H_2 \longrightarrow \underset{\text{ヘキサメチレンジアミン}}{H_2N-(CH_2)_6-NH_2}$$

(v) フルフラールよりつくる

とうもろこし中のペントザン（5炭糖から成る多糖類）から得られるフルフラールを原料として次のような方法によってヘキサメチレンジアミンが得られる。

$$\text{ペントザン} \xrightarrow{\text{加水分解}} \underset{\text{フルフラール}}{} \longrightarrow \underset{\text{フラン}}{}$$

$$\xrightarrow{2H_2} \underset{\text{テトラヒドロフラン}}{} \xrightarrow[-H_2O]{2HCl} \underset{\text{1,4-ジクロロブタン}}{Cl-CH_2-CH_2-CH_2-CH_2-Cl}$$

$$\xrightarrow{NaCN} \underset{\text{アジポニトリル}}{NC-(CH_2)_4-CN} \xrightarrow{4H_2} \underset{\text{ヘキサメチレンジアミン}}{H_2N-(CH)_6-NH_2}$$

このようにして得られたアジピン酸とヘキサメチレンジアミンから縮重合によって，ナイロン-66 を得るには，これらを等モル水中で混合する。酸であるアジピン酸と塩基であるヘキサメチレンジアミンの間で塩（ナイロン-66 塩）を形成する。

$$HOOC-(CH_2)_4-COOH+H_2N-(CH_2)_6-NH_2$$
$$\longrightarrow \underset{\text{ナイロン-66塩}}{[H_3N-(CH_2)_6-NH_3]^{2+}[OOC-(CH_2)_4-COO]^{2-}}$$

この水溶液を 60〜80% に濃縮して，ステンレス製の加圧ガマに入れ，不活性ガス気流中で加圧（圧力17.5 kg/cm^2）下に 210〜220℃ に加熱し，反応中に水蒸気を放出し，温度を次第に上げ最終温度を270〜280℃とすると重合する。

$$n[H_3N-(CH_2)_6-NH_3]^{2+}[OOC-(CH_2)_4-COO]^{2-}$$
$$\longrightarrow \underset{\text{ナイロン-66}}{H[HN-(CH_2)_6NHCO-(CH_2)_4-CO]_n OH}+(2n-1)H_2O$$

重合が終わったら加圧ガマの中の溶けたナイロン-66を窒素ガスの圧力で押し出し，冷却してリボン状とする。ついでこれを切断機で切断してチップにする。ナイロンは既に述べた溶融紡糸法によって繊維とされる。

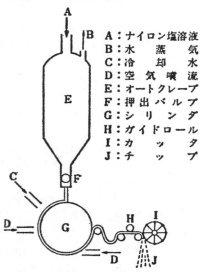

図　ナイロン-66のチップ製造法

次に実験室でナイロンを製造する方法を述べよう。よく乾燥したビーカーに，アジポイルジクロリド（塩化アジピル）ClCO-(CH$_2$)$_4$-COCl の 1〜3% の四塩化炭素溶液をつくる。次に別のビーカーにヘキサメチレンジアミンの 1〜3% 水溶液をつくり，無水炭酸ナトリウムを少量（たとえばこの溶液 100 ml 当り 200 mg 程度）加えておく。アジポイルジクロリドの四塩化炭素溶液の入ったビーカーに，器壁をつたわらせて静かにヘキサメチレンジアミン水溶液を入れる。上下 2層の界面にしばらくするとナイロン-66 のうすい膜が生じる。

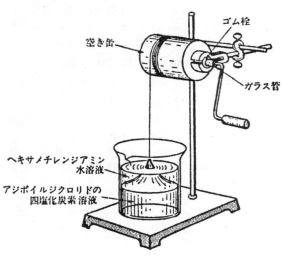

n ClCO-(CH$_2$)$_4$COCl + n H$_2$N-(CH$_2$)$_6$-NH$_2$
⟶ [-CO-(CH$_2$)$_4$CO-NH-(CH$_2$)$_6$-NH-]$_n$ + 2n HCl

このような重合を界面重合と呼んでいる。界面に生じたナイロン-66 の膜の中心部を，ピンセットで引き上げ，左下図のように糸巻でゆっくりと巻きとるとナイロンの糸ができる。この反応は発熱反応であるから，反応にともないかなり高熱になるので，水で 5〜15℃ に冷却するほうがよい。糸巻にまきとられたナイロン-66 の繊維は，50% アルコールで数回洗浄してから乾燥する。

【問題】問1　次の文中の □ 内にいれる適当な語句を下記の語句群から選んで，(1)，(2) などの番号で答えよ。また，〔　〕内には相当する化合物の示性式を書け。

ポリアミドは，単量体がアミド結合によりつながってできた高分子化合物の総称である。天然ポリアミドは，分子の形が線状（一次元）のものと球状（三次元）のものに大別される。線状のものには絹の A□ や羊毛の B□ などがあり，球状のものには，血液の C□ や D□ などがある。

合成ポリアミドにも分子の形が一次元のものと三次元のものがある。これらのうち，合成繊維になりうるものは E□ のものに限られている。一例として，6,6-ナイロンの合成過程を示すと次のようである。

ベンゼン $\xrightarrow{Cl_2, Fe}$ クロルベンゼン F〔　〕 $\xrightarrow{NaOH}$ フェノール G〔　〕 $\xrightarrow{H_2, Ni}$

シクロヘキサノール H〔　〕 $\xrightarrow{HNO_3}$ アジピン酸 I〔　〕 $\xrightarrow{NH_3}$ アジポアミド J〔　〕

$\xrightarrow{P_2O_5}$ NC-(CH$_2$)$_4$-CN アジポニトリル $\xrightarrow{H_2, Ni}$ ヘキサメチレンジアミン K〔　〕

n I + n K ⟶ L〔　〕 + (2n-1)M〔　〕

語句群　(1) アルブミン　(2) エラスチン
　　　　(3) 球状　　　　(4) グルテン
　　　　(5) グロブリン　(6) ケラチン
　　　　(7) コラーゲン　(8) ゼラチン
　　　　(9) 線状　　　　(10) フィブロイン

問2　6,6-ナイロンの平均分子量を 2.4×10^4 とすると，アミド結合は 1分子中に平均何個あるか。次の数値の中から最も近いものを選んで，(a)，(b) などの記号で答えよ。

(a) 1×10^2　(b) 2×10^2　(c) 3×10^2
(d) 4×10^2　(e) 1×10^3　(f) 2×10^3
(g) 3×10^3　(h) 4×10^3

（昭和59年　愛媛大）

【解答】 ベンゼンに鉄粉を触媒として塩素を作用しクロルベンゼンをつくり，これに 300℃，加圧下に水酸化ナトリウムを作用させてフェノールをつくる（Dow 法）。これを接触還元してシクロヘキサノールとなし，さらに硝酸で酸化してアジピン酸となす。これに，アンモニアを加えて加熱するとアジポアミドになる。

HOOC-(CH₂)₄-COOH+2NH₃
⟶ H₂N-CO-(CH₂)₄-CO-NH₂+2H₂O
　　　アジポアミド

これを五酸化リンで脱水してアジポニトリルとなす。

H₂N-CO-(CH₂)₄-CO-NH₂
⟶ NC-(CH₂)₄-CN+2H₂O

アジポニトリルを接触還元してヘキサメチレンジアミンを得る。

NC-(CH₂)₄-CN+4H₂ ⟶ H₂N-(CH₂)₆-NH₂

アジピン酸（=146）とヘキサメチレンジアミン（=116）各 n mol ずつの割合で反応して 1 mol のナイロン-66 と $(2n-1)$ mol の水が生成する。

nHOOC-(CH₂)₄-COOH+nH₂N-(CH₂)₆-NH₂
　146n　　　　　　　　　116n
⟶ HO[CO-(CH₂)₄-CO-NH-(CH₂)₆-NH]$_n$H+$(2n-1)$H₂O
　　　　　　226n+18　　　　　　　　36n-18

平均分子量が $2.4×10^4$ より，

226n+18=2.4×10⁴
∴ n=106

アミド結合は $(2n-1)$ 個であるから，その数は
2×106-1=211

答 問1　A—⑩　B—⑥　C—①　D—⑤
E—⑨

F：⟨⚪⟩-Cl　G：⟨⚪⟩-OH　H：⟨⚪⟩-OH

I：HOOC-CH₂-CH₂-CH₂-CH₂-COOH
J：H₂NOC-CH₂-CH₂-CH₂-CH₂-CONH₂
K：H₂N-CH₂-CH₂-CH₂-CH₂-CH₂-CH₂-NH₂

L：H[CO-(CH₂)₄-CONH-(CH₂)₆-NH]$_n$H

M：H₂O

問2　(b)

[ii] ナイロン-6（または 6-ナイロン）

ナイロン-6 の原料モノマーは ε-カプロラクタム

であり，これは石油（または石炭），水，空気などを原料として製造される。これはドイツでは，パーロン L (Perlon L)，イギリスではエンカロン (Enkalon)，アメリカではカプロラン (Caprolan)，ソビエトではカプロン (Kapron)，日本ではアミラン (Amilan)，グリロン (Grilon) などの商品名で知られている。

ε-カプロラクタムはベンゼン，フェノールおよびシクロヘキサンを原料としてシクロヘキサノンオキシムをつくり，これをベックマン転位によってつくる。したがってその原料は，石炭および石油である。

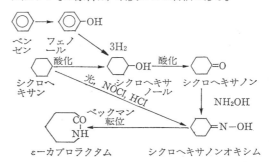

現在では主として石油から得られるシクロヘキサンが用いられる。シクロヘキサンに加圧下で空気を吹き込むと，140～180℃ で酸化が行われてシクロヘキサノールになる。次いで常圧で，200℃ で脱水素（酸化）してシクロヘキサノンとする。これにヒドロキシルアミン NH₂OH の硫酸塩を 70～80℃ で作用してシクロヘキサノンオキシムとする。また，シクロヘキサンに光と塩化ニトロシル NOCl を塩酸の存在下で作用し直ちにシクロヘキサノンオキシムにする方法が用いられることもあり，この方法を光ニトロソ法とか塩化ニトロシル法ともいう。

このようにして得られたシクロヘキサノンオキシムを発煙硫酸または濃硫酸で加熱するとベックマン転位をおこして ε-カプロラクタムになる。通常，70～120℃ に加熱して反応が行われるが，発熱反応であるため冷却が必要である。次に，ε-カプロラクタムに水を加えて 240～260℃ に加熱すると，開環して ε-アミノカプロン酸になり，続いてこれが縮重合してナイロン-6 が得られる。

HN-(CH₂)₅-CO+H₂O ⟶ H₂N-(CH₂)₅-COOH
ε-カプロラクタム　　　　　　ε-アミノカプロン酸

nH₂N-(CH₂)₅-COOH ⟶ H[HN-(CH₂)₅-CO]$_n$OH+$(n-1)$H₂O
　　　　　　　　　　　　　　ナイロン-6

また，ε-アミノカプロン酸と ε-カプロラクタムが反応してナイロン-6 になる。

H₂N-(CH₂)₅-COOH+$(n-1)$HN-(CH₂)₅-CO
⟶ H[HN-(CH₂)₅-CO]$_n$OH

このようにして得られたナイロン-6 を，溶融紡糸して繊維とする。

【問題】 イプシロンカプロラクタムは同じ組成式のシクロヘキサノンオキシムの分子内転位（ベックマン転位という）により生成する7員環の環状アミド化合物である。シクロヘキサノンオキシムの構造式は次のとおりである。

$$\begin{array}{c} CH_2-CH_2-C=NOH \\ CH_2-CH_2-CH_2 \end{array}$$

イプシロンカプロラクタムを加水分解すると，開環してイプシロンアミノカプロン酸になる〔1〕。また水の存在下高温度で開環すると，ナイロン6が得られる〔2〕。シクロヘキサノンオキシム1モルを，2モルの100%硫酸に徐々に加え，反応温度を120℃に保つと，定量的に転位してイプシロンカプロラクタムの硫酸溶液となる（この反応は激しい発熱を伴うので，実験の際には十分注意する必要がある）。得られた硫酸溶液に水を加え〔3〕，アンモニアガスで中和すると，2層に分離し，上層はラクタム60.0%を含む水溶液，下層は硫酸アンモニウム42.6%と0.8%のラクタムとからなる水溶液になった。上層溶液を分離し，これを濃縮したのち，減圧下蒸留して純粋なイプシロンカプロラクタム結晶を得た〔4〕。また下層溶液を，小量残存するラクタムを除去しながら濃縮乾固して硫酸アンモニウムの純粋な結晶を得た〔5〕。

次の問〔1〕～〔5〕について答を記入せよ。ただし，問題に関係のある元素の原子量は次のとおりとする。

H：1，C：12，N：14，O：16，S：32

また各工程での損失は無視する。計算は四捨五入により有効数字3桁とする。

〔1〕 イプシロンアミノカプロン酸の構造式を記せ。

〔2〕 イプシロンカプロラクタムの開環重縮合で平均重合度150のナイロン6を得た。その平均分子量はいくらか。

〔3〕 イプシロンカプロラクタム硫酸溶液に加えた水は何グラムか。

〔4〕 上層溶液から得られた純粋なイプシロンカプロラクタムは何グラムか。

〔5〕 下層溶液から得られた硫酸アンモニウム結晶は何グラムか。 （昭和57年　東京農工大）

【解答】

〔1〕
$$\begin{array}{c} H \\ N-C-C-C-C-C \\ H \end{array} \begin{array}{c} H H H H H \\ \\ H H H H H \end{array} \begin{array}{c} O-H \\ \\ O \end{array}$$

〔2〕 $[-CO-(CH_2)_5-NH-]_n$ （$=113n$）で，重合度nが150であるから平均分子量は，

$$113 \times 150 = 16950 \quad \therefore \quad 1.70 \times 10^4$$

〔3〕

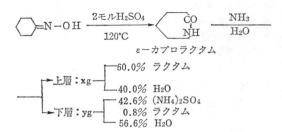

ε-カプロラクタム

```
          ┌─ 上層：xg ─ 60.0% ラクタム
          │              40.0% H_2O
          │
          └─ 下層：yg ─ 42.6% (NH_4)_2SO_4
                         0.8% ラクタム
                        56.6% H_2O
```

シクロヘキサノン1モルから出発したのであるから，生じるε-カプロラクタム（=113）も1モル（=113g）である。また用いたH_2SO_4が2モルであるから生じる$(NH_4)_2SO_4$（=132）も2モル（$132 \times 2 = 264$g）である。いま上層の重さをxg，下層の重さをygとすれば，ラクタムの量より，

$$x \times \frac{60.0}{100} + y \times \frac{0.8}{100} = 113 \quad \cdots\cdots \text{①}$$

次に，$(NH_4)_2SO_4$の量より

$$y \times \frac{42.6}{100} = 264 \quad \cdots\cdots \text{②}$$

以上より $x = 180$（g），$y = 620$（g）したがって，加えたH_2Oの量は，

$$180 \times \frac{42.6}{100} + 620 \times \frac{56.6}{100} = 423 \text{（g）}$$

〔4〕上層より得られたε-カプロラクタムは

$$180 \times \frac{60.0}{100} = 108 \text{（g）}$$

〔5〕下層より得られた$(NH_4)_2SO_4$は2モルであるから，

$$132 \times 2 = 264 \text{（g）}$$

ナイロンの性質

比重が小さく，軽い繊維で，引張強度，摩耗強度，屈曲強度などが大きい。伸度が大きく，伸長回復率がすぐれている。合成繊維の中では吸湿性が大きい。柔軟な繊維であるため，ニット製品に好適であるが，腰のある織物を作ることができない欠点がある。耐熱性は180℃で軟化し，ナイロン-66は250℃，ナイロン-6は215℃で溶融する。強酸に弱く，濃いギ酸や加熱した酢酸などに溶けるが，その他の有機酸には耐える。洗たくで汚れが落ちやすく乾きが速い。電気絶縁性がすぐれ，帯電傷害が起こりやすい。フェノール，クレゾールなどに溶解するが，他の化学薬品，ドライクリーニング溶剤などに抵抗力が大きい。紫外線に弱いため，日光に長時間照射されると強度が低下する。虫害がなく，かび，細菌等の発生の心配がなく，染色性も良好である。

ナイロンの用途

　衣料用として，各種服地，シャツ地，下着類，ネクタイ，マフラー，靴下，メリヤス，セーター，海水着，混紡織物，和服地，和装小物，毛布，手編糸など。

　産業用としては，漁網，ホース，ロープ，帆布，ろ過布，タイヤコード，ブラシなど。

　一般用としては，テグス，ガット，歯ブラシ，かばん，雨靴などに用いられている。

理科系特別単科ゼミ　化学

有機高分子化合物(3)
―合成繊維―ポリエステル系繊維―

明治薬科大講師・代々木ゼミナール講師・中央ゼミナール講師
大西　憲昇

ベックマン転位とオキシムの立体化学

ナイロン-6 を合成するときの途中で，シクロヘキサノンオキシムのベックマン転位によって，ε-カプロラクタムを得る反応がある。

そこでこの機会にベックマン転位 (Beckmann rearrangement) とオキシムの立体化学について述べておこう。オキシム oxime は，カルボニル化合物（アルデヒドとケトン）にヒドロキシルアミン NH_2OH を作用させて生成する化合物である（『有機化学特講』p. 79 参照）。そしてアルデヒドから生ずるものをアルドキシム aldoxime，ケトンから生ずるものをケトキシム ketoxime という。

オキシムは一般に無色の結晶で，水に難溶である。ただし，ホルムアルデヒドからできるホルムアルドキシム $CH_2=N-OH$ だけは液体で水に溶ける。そのためにオキシムはカルボニル化合物の分離や確認に利用される。希塩酸や希硫酸を加えて暖めると容易に加水分解されて，もとのアルデヒド，あるいはケトンとヒドロキシルアミンになる。

窒素原子のまわりの立体配置はアンモニアのようにピラミッド形であり，これから類推するとオキシムには立体異性体（幾何異性体）が存在し得ることになる（『有機化学特講』p. 42 参照）。

アルドキシムの2種の幾何異性体を表す方法として，H と OH が同じ側に結合しているものをシン型 (syn)，

トランス状に結合しているものをアンチ型 (anti) といい，炭素間二重結合のとき用いたシス型およびトランス型は用いない。シン型かアンチ型かを決定する方法として，無水酢酸を加えて加熱すると分子内脱水がおこってニトリルになるかどうかをみるものがある。

$$R-CH=N-OH \longrightarrow R-C\equiv N+H_2O$$

この場合，簡単に脱水されてニトリルを生じるのは，H と OH が距離的に近いシン型であると考えられていたが，その後の研究により脱水されやすいのはシン型ではなくてアンチ型であることがわかった。すなわちトランス状に脱水されるのである。

このようにしてシン型かアンチ型かを知ることができる。いま過量の水酸化ナトリウムの存在下でベンズアルデヒドにヒドロキシルアミンを作用すると，融点が35℃であるシン型のベンズアルドキシムを生じる。これはアルカリには安定であるが，酸を加えて加熱すると容易に転位して高い融点(130℃)のアンチ型になる。

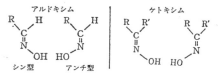

シン型とアンチ型の両者が別々に得られているのは芳香族アルデヒドのオキシムの場合が多く，脂肪族アルデヒドのオキシムは通常，安定なシン型だけが得られる。

次にケトキシムの場合は，シン型，アンチ型の区別はできないが，RとOHがシン型か，アンチ型かの2種があり，このうちのどちらかを知るためにベックマン転移を利用する。これは，1886年，ベックマン Ernst Otto Beckmann（ドイツの化学者 1853 7/4〜1923 6/13）によって研究された反応である。この反応をみてみよう。まずケトキシムに硫酸，五塩化リン，塩化水素，臭化水素，ヨウ化水素，塩化アセチル，無水酢酸などを作用すると，はじめにケトキシムのOHとこれにアンチの位置にある基とが交換する。

この反応で生じたものはエノールで，これは不安定で，ただちにケト化が行われ酸アミドを生じる。ついで希酸または希アルカリを加えて加水分解すると，加水分解されてカルボン酸 R-COOH とアミン R′-NH₂を生じる。

このようにして生じたカルボン酸 R-COOH と1級アミン R′-NH₂を調べることによってケトキシムの立体構造を知ることができる。

たとえば，アセトフェノンにヒドロキシルアミンを作用して生じるアセトフェノンオキシムについて，ベックマン転位を行い，ついで加水分解して，酢酸とアニリンを生じたとすれば，オキシムの立体構造は水酸基とフェニル基とはアンチ型に結合していることがわかる。

次にシクロヘキサノンの場合は次のようになる。

2. ポリエステル系繊維

モノマー相互の結合部分が，エステル結合 -CO・O- によってできている長鎖状合成高分子からなる繊維をポリエステル系繊維という。このうち，ポリエチレンテレフタレート（polyethylene telephthalate 略して PET という）がもっぱら繊維として用いられる。現在商品名として，イギリスのテリレン（Terylene），アメリカのデークロン（Dacron），日本のテトロン（Tetron），西ドイツのジオレン（Diolen），フランスのテルガル（Tergal），イタリーのテリタール（Terital）などがある。

カローザスはナイロンを発明する前にポリエステル系繊維について詳細に研究した。1932年に発表した論文の中で，二塩基カルボン酸（ジカルボン酸）とグリコール（2価のアルコール）からエステル結合によって高分子化合物をつくり，紡糸して繊維をつくり，その性質をしらべている。ところが彼の研究の対象は主として脂肪族のポリエステルで，融点が低く100℃以下で，しかも加水分解されやすいなどの欠点があった。結局，彼はポリエステルをあきらめてポリアミドに移り，その結果ナイロンを完成したのである。1941年，イギリスのキャリコプリンター社の技術者ウィンフィルド J.R. Whinfield とディクソン J.T. Dickson の2人はカローザスの研究をたどり，芳香族化合物がほとんど用いられていないことに気がつき，結晶性の高い芳香族のポリエステルを合成すれば，よい繊維が得られるかもしれないと考えた。そして結晶性が非常に高く，水に対する溶解性の少ないテレフタル酸がよいことに気がつき，縮合の相手にエチレングリコールを用い，ポリエチレンテレフタレートという，すぐれた合成繊維ができることを発見したのである。

この技術は ICT 社に譲渡され，テリレンという名で1946年に工業生産されたのが最初である。

さて，原料の1つであるテレフタル酸は石油中のパラキシレンを酸化するか，無水フタル酸や安息香酸などからも誘導できる。

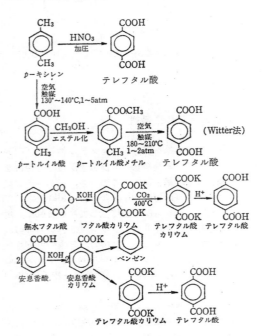

次にもう1つの原料であるエチレングリコールは，石油から得られるエチレンガスを酸化してエチレンオキシドとし，これを加水分解（水和）してつくる。

$$CH_2=CH_2 \xrightarrow[\text{Ag触媒}]{O_2}$$
エチレン

$$\underset{\text{エチレンオキシド}}{CH_2\!-\!CH_2} \xrightarrow[\text{60°C}]{\text{希硫酸}} \underset{\text{エチレングリコール}}{HO\text{-}CH_2\text{-}CH_2\text{-}OH}$$

以上のようにして得られたテレフタル酸 (terephthalic acid, 略して TPA) とエチレングリコール (ethylene glycol, 略して EG) を縮重合させるには，通常，次の2通りの方法がある。

[i] DMT 法

テレフタル酸に過剰のメタノールを加え，150°～300°Cに加熱してテレフタル酸ジメチル (dimethyl terephthalate, 略して DMT) をつくる。

TPA + 2CH₃OH → DMT + 2H₂O

テレフタル酸ジメチルに過剰のエチレングリコールを触媒（金属の酸化物）の存在のもとに，150～230°Cに加熱すると，DMT と EG との間でエステル交換が行われて，テレフタール酸1分子とエチレングリコール2分子とからなるエステル，テレフタル酸ビス-β-ヒドロキシエチル (bis-β-hydroxyethyl terephthalate, 略して BHT) を生じる。

DMT + 2HO-CH₂-CH₂-OH → BHT + 2CH₃OH

この BHT を三酸化二アンチモン Sb_2O_3 を触媒とし，300°C に加熱すると，次式のように EG を放出して縮重合し，ポリエチレンテレフタレート (polyethylene terephthalate, 略して PET) が得られる。

$$n\,HOCH_2CH_2OOC\text{-}\bigcirc\text{-}COOCH_2CH_2OH \xrightarrow[Sb_2O_3]{300°C}$$
BHT

$$HO\text{-}CH_2CH_2O\text{-}[OC\text{-}\bigcirc\text{-}COOCH_2CH_2O]_n\text{-}H$$
PET
$+ (n-1)\,HOCH_2CH_2OH$
EG

[ii] 直接法

テレフタル酸とエチレングリコールを加圧下に EG の沸点（197°C）以上に加熱して BHT をつくる。

TPA + 2HO-CH₂CH₂-OH → BHT + 2H₂O

生じた BHT からポリエチレンテレフタレートをつくる方法は DMT 法と同じである。この方法は直接 DMT を作らないため，低コスト製造法ともいわれる。

＊

以上の方法で得られた PET は，つや消しにするため，その0.3～0.5％のチタン白（二酸化チタン TiO_2）の微粉末を溶融した PET に加える。反応終了後，溶融した PET を押出してリボン状に固化させてから切断してチップにする。そしてこのチップを280～300°Cに加熱して再溶融し，これをろ過した後，ナイロンと同様に溶融紡糸する。

ポリエチレンテレフタレート繊維の性質は，まず引張強度はナイロンに次いで強い耐久性がある。耐摩耗性は，ナイロンに次いで大きく，天然繊維に比べてもすぐれている。ほとんど水を吸収しないため，ぬれても強度は落ちないし，洗たく後の乾きが速い。また，しわになりにくく，しわになっても回復性が大きい。

耐熱性は合成繊維の中で最もすぐれている。また熱可塑性があり，ヒートセットにより，形態安定化を行うことができる。紫外線には弱いが，ガラスを透過した光線には抵抗性が大である。酸に対しても抵抗性があり，常温の強酸および弱酸では高温にしても大丈夫である。しかし濃硫酸では分解する。アルカリには，強アルカリには低温では耐えるが，高温では分解する。弱アルカリには抵抗性が大きい。酸化剤にも強く，激しい漂白処理にも耐える。電気絶縁性が大きいため，衣料として着用する場合，帯電傷害を起こしやすい。ドライクリーニング溶剤にも抵抗性は大きい。天然繊維，再生繊維などと混紡しても着心地がよく，混紡性にすぐれている。虫，かび，細菌などに侵されない。

次にその用途として，高弾性，高強度，耐熱性，耐水性，耐薬品性などの特徴を利用し，次のようなものに用いられる。

衣料用として紳士服，学生服，作業服，婦人・子供服，シャツ，ズボン等に用いられ，家庭用品としてはカーテン，テーブルクロス，布団わた，芯地，洋がさなどに，産業用としては漁網，ロープ類，タイヤコード，ベルト基布，ろ過布などに用いられる。

3. ポリアクリロニトリル繊維

アクリロニトリル acrylonitrile, $CH_2=CH-CN$ を原料とし，これを付加重合させたポリアクリロニトリル (polyacrylonitrile，略して PAN) を主要成分とし，アクリロニトリルを 50% 以上含有する繊維を**アクリル繊維**という。特に 50% 未満のものを**アクリル系繊維**と称している。製品名として，アメリカのオーロン (Orlon)，アクリラン (Acrilan)，クレスラン (Creslan)，ゼフラン (Zefran)，イギリスのクールテル (Courtelle)，ドイツのパン (Pan)，ドラロン (Dralon)，日本のエクスラン (Exlan)，カシミロン (Cashmilon)，トレロン (Toraylon)，ベスロン (Beslon)，ボンネル (Vonnel) などはアクリル繊維であり，アメリカのベレル (Verel)，ダイネル (Dynel)，ビニョン N (Vinyon N)，イギリスのテクラン (Teklan)，日本のカネカロン (Kanekalon) などはアクリル系繊維である。

ここでは，最も重要なアクリロニトリルが付加重合したポリアクリロニトリル繊維について述べよう。

原料であるアクリロニトリルは無色透明で特異臭をもつ有毒な液体で，沸点73.5～79.5℃である。この繊維は，1893年にはじめて Moureau によって合成された。その合成法は次のとうりである。

[i] アセチレンにシアン化水素を付加する法

アセチレンにシアン化水素を付加してつくられる。
$$CH \equiv CH + HCN \longrightarrow CH_2=CH-CN$$

[ii] エチレンよりつくる法

エチレンを酸化してエチレンオキシドとし，これにシアン化水素を作用して，エチレンシアノヒドリンとし，これを脱水して得られる。

$$CH_2=CH_2 + \frac{1}{2}O_2 \longrightarrow \underset{エチレンオキシド}{CH_2-CH_2 \atop \diagdown O \diagup}$$
エチレン

$$\underset{}{CH_2-CH_2 \atop \diagdown O \diagup} + HCN \longrightarrow \underset{エチレンシアノヒドリン}{HOCH_2CH_2CN}$$

$$HOCH_2CH_2CN \longrightarrow \underset{アクリロニトリル}{CH_2=CH-CN} + H_2O$$

[iii] ソハイオ法 (Sohio process)

石油から得られるプロピレンより合成する方法で最も重要な合成法である。

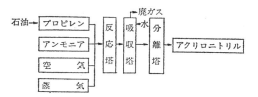

プロピレン，アンモニアガス，空気，蒸気を触媒の存在下に反応塔内で加熱してアクリロニトリルが得られる。

$$\underset{プロピレン}{CH_2=CH-CH_3} + NH_3 + \frac{3}{2}O_2 \longrightarrow \underset{アクリロニトリル}{CH_2=CH-CN} + 3H_2O$$

アクリロニトリルを重合するには通常，水溶性触媒，たとえば，過硫酸塩と亜硫酸水素ナトリウム $((NH_4)_2S_2O_8 + NaHSO_3)$，過酸化水素と第一鉄塩 $(H_2O_2 + FeSO_4)$，塩素酸ナトリウムと亜硫酸ナトリウム $(NaClO_3 + Na_2SO_3)$ などを触媒とし，アクリロニトリルがわずかに水に溶ける性質を利用し，水溶液中で重合が進められる。

$$n\,\underset{アクリロニトリル}{CH_2=CH \atop | \atop CN} \xrightarrow{付加重合} \underset{ポリアクリロニトリル}{\left[-CH_2-CH- \atop | \atop CN\right]_n}$$

アクリロニトリルだけの付加重合で得られる繊維は染色性がよくないので，アクリロニトリルの他にモノマーを加えて共重合させた共重合体 (copolymer) が用いられる。生成したポリマーの平均重合度 n は最高約 2,000 で平均分子量は最高 100,000 である。アクリロニトリルの他に用いるコモノマー (15%以下) としては次のようなものが用いられる。それらは中性，酸性，塩基性の種類がある。

<u>(i) 中性のコモノマー</u>
アクリル酸メチル　$CH_2=CH-COOCH_3$
メタアクリル酸メチル　$CH_2=C-COOCH_3 \atop | \atop CH_3$

酢酸ビニル　$CH_2=CHOOCCH_3$

アクリロアミド　$CH_2=CHCONH_2$

(ii) 酸性のコモノマー

スチレンスルホン酸　$CH_2=CH-\!\!\!\!\bigcirc\!\!\!\!-SO_3H$

アクリル酸　$CH_2=CH-COOH$

ビニルスルホン酸　$CH_2=CH-SO_3H$

アリルスルホン酸　$CH_2=CH-CH_2-SO_3H$

2-メチルアリルスルホン酸　$CH_2=C-CH_2-SO_3H$
　　　　　　　　　　　　　　　　　　CH_3

イタコン酸　$CH_2=C-CH_2-COOH$
　　　　　　　　　　$COOH$

(iii) 塩基性のコモノマー

2-ビニルピリジン　$CH_2=CH-\!\!\!\!\bigcirc\!\!\!\!{}^N$

　アクリル繊維は，最初ニット製品としてスエーターなどにすると，羊毛に似た触感や保温性があるので，毛糸に似たものとしてその用途が開発された。それは主としてアクリル繊維のもつちぢれ（巻縮）に原因する性質である。その後，その他の方面にも用いられている。この繊維は羊毛よりも軽く吸湿性がほとんどなく，したがって湿潤しても弱くならない。弾性回復率が大きいので布としたときに，しわになりにくい。耐熱性で，熱可塑性を有し，ヒートセットにより形を固定化することができる。酸にも強く硫酸，塩酸などの無機酸に対して抵抗性が大である。強アルカリには弱いが弱アルカリには抵抗性が大きい。一般の有機溶剤，ドライクリーニング溶剤などに耐える。チオシアン化物，塩化亜鉛 $ZnCl_2$，臭化リチウム $LiBr$ などの濃い溶液や，アセトン，アセトニトリルなどに溶ける。耐日光性は繊維中で最も大きく，紫外線に長時間あてても強さはほとんど変わらない。このようにアクリル繊維は，軽く，弾性と保温性を有し，洗たくしても形がくずれにくく，熱可塑性，耐候性，耐薬品性などがすぐれている。

　その用途としては，衣料用として婦人服，スエーター類，肌着類，シャツ，スラックス，コート類，パイル衣料，女子学生服，子供服，プリーツスカート，靴下などに用いられる。家庭用品として，カーテン，カーペット，寝具，手袋，椅子張り，不織布などに用いられる。工業用としては，ろ過布，電気分解の隔膜，ラミネート補強材，作業服等に用いられる。

【問題】　ナイロン66の原料であるアジピン酸とヘキサメチレンジアミンは，ともにフェノールから製造される。いま，アジピン酸およびヘキサメチレンジアミンを 1.0 モルずつ製造するのに，それぞれ1.1モルおよび1.2モルのフェノールを必要とすると，45トンのナイロン66を製造するのに必要なフェノールは何トンか。（昭和59年　東工大）

【解答】

$n\underset{1.1n\text{mol}}{\bigcirc\!\!-OH} \longrightarrow \underset{n\text{mol}}{nHOOC-(CH_2)_4-COOH}$

$n\underset{1.2n\text{mol}}{\bigcirc\!\!-OH} \longrightarrow \underset{n\text{mol}}{nH_2N-(CH_2)_6-NH_2}$

$\longrightarrow [-OC-(CH_2)_4-CO-NH-(CH_2)_6-NH-]_n$
$\qquad\qquad\qquad\qquad\qquad\qquad\cdot 226n(g)$

　したがってフェノール（$=94$），$1.1n+1.2n=2.3n$ mol から $226n\,g$ のナイロン66が得られる。すなわち，フェノール 2.3 mol すなわち $2.3\times94\,g$ からナイロン66が $226\,g$ 得られるから，45トンのナイロン66を得るにはフェノールが x トン必要であるとすれば，

$$2.3\times94:226=x:45$$

$$\therefore\quad x=\frac{2.3\times94\times45}{226}=43（トン）$$

【問題】　次の文章を読んで，問 1～3 に答えよ。

　現在，数多くの高分子化合物が合成され，われわれの日常生活に利用されている。このような合成高分子化合物は，すべて分子量の小さい単量体が繰り返し，数多く結合したものであり，その繰り返し数を重合度という。2種類以上の単量体から合成される高分子化合物を特に ア□□□ という。高分子化合物を合成する方法は反応様式の違いにより，次の2つに大別できる。(1)エチレンの重合のように，分子内に イ□□□ をもった単量体が反応し，高分子量化する反応を ウ□□□ という。(2)反応に際して低分子量の化合物がとれて進行する反応を エ□□□ という。(2)の系に属する反応では，アルコールとカルボン酸の反応によるエステル結合，アミノ基と，カルボキシル基の反応による オ□□□ 結合などを利用している。例えば，aテレフタル酸とエチレングリコールから合成されるポリエステル，bヘキサメチレンジアミンとアジピン酸から合成されるナイロン-66 などがある。

問1　文中の空欄ア～オに適当な語句を記入せよ。

問2　下線部分aとbに該当する高分子化合物の構造式を記せ。

問3　(1)の系に属するポリエチレン，ポリスチレンおよびポリ塩化ビニルを識別するために，これらの小片をピンセットではさみ炎の中に入れ燃焼させた。この方法でそれぞれをどのように識別できるか，理由をつけて80字以内で記せ。

（昭和58年　神戸大）

【解答】

問1　ア—共重合体（コポリマー），イ—二重結合，ウ—付加重合，エ—縮（合）重合，オ—酸アミド

問2．a．$HO\left[OC-\bigcirc-COOCH_2CH_2O\right]_n H$

b．$HO\left[OC-(CH_2)_4-CONH-(CH_2)_6-NH\right]_n H$

問3 ポリスチレンはベンゼン環をもち不飽和度が大きいので，燃やすと赤い炎と黒い煙をあげる。ポリ塩化ビニルは塩素をもっているので，刺激臭を出して燃え，ポリエチレンにはそれらの特徴がない。

【問題】 下の文を読んで，(1)〜(10)に最も適当な語句あるいは数字を下記の語群から選んで記入せよ。また重合体の構成単位原子団(A)，(B)を示せ。必要があれば次の原子量 $H=1.0$，$C=12.0$，$N=14.0$，$O=16.0$ を用いよ。

人工的に合成された高分子化合物はプラスチック，繊維，ゴムなどとしてひろく用いられている。エチレングリコールとテレフタル酸の (1)□□□により (A)□□□のような原子団を構成単位とする重合体が生成する。この重合体は分子中に (2)□□□結合を多く含むので (3)□□□と呼ばれ，また (4)□□□なので繊維状に加工することができる。原料であるエチレングリコールはエチレンから合成され，テレフタル酸は (5)□□□の (6)□□□により合成される。分子量25000の重合体を構成するのに必要なテレフタル酸の数は (7)□□□である。

アクリロニトリルは (8)□□□結合を含む単量体なので (9)□□□により (B)□□□のような原子団を構成単位とする重合体が生成する。この重合体も繊維として使用される。分子量 106000 の重合体を構成するアクリロニトリルの数は (10)□□□である。

〔語群〕 熱硬化性，熱可塑性，熱変性，共有，水素，一重，二重，アミド，アルコール，エステル，酸，ポリアミド，ポリエステル，ポリペプチド，ベンゼン，トルエン，オルトキシレン，メタキシレン，パラキシレン，開環重合，付加重合，縮重合，置換，脱離，酸化，還元，加硫，100，110，130，150，1000，1500，2000

（昭和58年 横浜国大）

【解答】

(A) $\left[-OC-\bigcirc-COOCH_2CH_2O-\right]_n$ $(=192n)$
ポリエチレンテレフタレート

(B) $\left[-CH_2-CH-\right]_n$ $(=53n)$
　　　　　　CN
ポリアクリロニトリル

(1) 縮(合)重合 (2) エステル (3) ポリエステル
(4) 熱可塑性 (5) パラキシレン (6) 酸化
(7) $192n=25000$ $\therefore$ $n=130$
(8) 2重 (9) 付加重合
(10) $53n=106000$ $\therefore$ $n=2000$

【問題】 アクリロニトリル $CH_2=CH-CN$ は合成繊維，プラスチック，合成ゴムなどの原料として用途の広い物質である。当初はアセチレンと青酸から作られていたが，現在は (1)「プロピレン，アンモニアと空気から製造されている。」

(2)「アクリロニトリルを重合するとポリアクリロニトリルが得られる。」 またアクリロニトリルを水と反応させると，アクリルアミド $CH_2=CH-CO-NH_2$ が得られ，(3)「アクリルアミドをさらに加水分解するとアクリル酸 $CH_2=CH-COOH$ が得られる。」(4)「後者とメタノールとの反応からアクリル酸メチルが得られる。」

問1 上の文の(1)〜(4)の箇所を化学方程式で表わせ。

問2 (1) 問1の(2)のような重合の様式を何重合と言うか。またどのような化合物がこのような反応をするか。

(2) 一般にニトリルまたはアミドを加水分解してカルボン酸を作る場合，触媒として酸またはアルカリが用いられるが，いずれも通常の触媒のような少量では足りず，相当多量を要する。その理由を説明せよ。 （昭和59年 法政大）

【解答】 1 (1) ソハイオ法である。
$2CH_2=CH-CH_3+2NH_3+3O_2$
$\longrightarrow 2CH_2=CH-CN+6H_2O$

(2) $n\ CH_2=CH \longrightarrow \left[-CH_2-CH-\right]_n$
　　　　　CN　　　　　　　　CN

(3) 一般にニトリルを加水分解すると，カルボン酸アミドを経て，カルボン酸になる（『有機化学特講』p.88 参照）。

$R-CN \xrightarrow{H_2O} R-CONH_2 \xrightarrow{H_2O} RCOOH$

ニトリルの加水分解は，ニトリルに希酸または希アルカリを加えて加熱する。ニトリルの名称はそれを加水分解して得られる酸の名称からつける。$CH_2=CH-CN$ は加水分解すると $CH_2=CH-COOH$，すなわちアクリル酸を生じるからアクリロニトリルという。
$CH_2=CH-CO-NH_2+H_2O$
アクリルアミド
$\longrightarrow CH_2=CH-COOH+NH_3$
　　　　　　　アクリル酸

(4) アクリル酸とメタノールのエステルが生成する。
$CH_2=CH-COOH+CH_3OH$
アクリル酸
$\longrightarrow CH_2=CH-COOCH_3+H_2O$
　　　　　　　アクリル酸メチル

2 (1) 付加重合・不飽和化合物

(2) 『有機化学特講』p.88 に詳しく述べたように，ニトリルに希酸の場合は H^+ が，希アルカリの場合には OH^- が一たん結合して加水分解反応がおこるから，酸やアルカリの触媒が多量に必要になる。

理科系特別単科ゼミ

有機高分子化合物(4)
—— 合成繊維〈その3〉——

明治薬科大講師・代々木ゼミナール講師・中央ゼミナール講師
大西　憲昇

4. ビニロン

ポリビニルアルコール polyvinyl alcohol（略してPVA また日本ではポバールということもある）を，熱処理するかアセタール化して耐水性にしたものをビニロン vinylon といい，我が国で与えられた名称である。アメリカではビニョンとの混同を避けるためにビナール vinal といっている。日本の商品名としてはクラロン (Kuralon)，クレモナ (Cremona)，ミューロン (Mewlon)，カネビアン (Kanebian) などがある。

ポリビニルアルコールは次のような構造をもった重合体（ポリマー）である。

$$-CH_2-CH-CH_2-CH-CH_2-CH-$$
$$\quad\quad OH \quad\quad OH \quad\quad OH$$

これはビニルアルコール $CH_2=CH$ が付加重合した形
$\quad\quad\quad\quad\quad\quad\quad\quad\quad\quad\quad\quad OH$
をしているからポリビニルアルコールというのであるが，ビニルアルコールは不安定であるために存在しない（『有機化学特講』p. 36 参照）。ビニルアルコールはアセチレンの水和反応によって得られると考えられる。すなわち，15〜20％の希硫酸中で $HgSO_4$ を触媒としてアセチレンを作用させると，

$$CH \equiv CH \xrightarrow{H-OH} CH_2=CH \xrightarrow{ケト化} CH_3-C-H$$
$$\quad\quad\quad\quad\quad\quad\quad\quad OH \quad\quad\quad\quad\quad\quad O$$

上式のように，ビニルアルコールが一時的に生じるかもしれないが，直ちにケト化してアセトアルデヒドになってしまい，ビニルアルコールは得られない。そこでビニルアルコールは存在しないが，ビニルアルコールと酢酸のエステルである酢酸ビニル $CH_3COOCH=CH_2$ をつくることができる。もちろん，存在もしないビニルアルコールと酢酸とから酢酸ビニルをつくることはできないが，次のようにして，アセチレンに酢酸を付加させたり，エチレンから合成することができる。

$$CH \equiv CH + CH_3COOH \longrightarrow CH_2=CH$$
$$アセチレン \quad 酢酸 \quad\quad\quad\quad\quad\quad OOC-CH_3$$
$$\quad\quad\quad\quad\quad\quad\quad\quad\quad\quad\quad\quad 酢酸ビニル$$

$$CH_2=CH_2 + CH_3COOH + \frac{1}{2}O_2 \longrightarrow CH_2=CH + H_2O$$
$$エチレン \quad 酢酸 \quad\quad\quad\quad\quad\quad\quad\quad\quad OOC-CH_3$$
$$\quad\quad\quad\quad\quad\quad\quad\quad\quad\quad\quad\quad\quad\quad 酢酸ビニル$$

次にこの酢酸ビニルをメタノールに溶かし，過酸化ベンゾイルを重合開始剤として，60〜80℃に加熱すると付加重合して，ポリ酢酸ビニルが生成する。

$$n\ CH_2=CH \xrightarrow{付加重合} \left(-CH_2-CH-\right)_n$$
$$\quad\quad OOC-CH_3 \quad\quad\quad\quad\quad\quad OOC-CH_3$$
$$\quad\quad\quad\quad\quad\quad\quad\quad\quad\quad ポリ酢酸ビニル$$

このポリ酢酸ビニルは耐熱性，耐水性などがよくないため，繊維として使用することはできない。そこでポリ酢酸ビニルのメタノール溶液に水酸化ナトリウムを加えて，けん化（エステルのアルカリ加水分解）してポリビニルアルコールが得られる。

$$\left(-CH_2-CH-\right)_n + n\ NaOH \longrightarrow \left(-CH_2-CH-\right)_n$$
$$\quad OOC-CH_3 \quad\quad\quad\quad\quad\quad\quad\quad\quad\quad OH$$
$$+ n\ CH_3COOONa \quad\quad\quad\quad\quad\quad\quad PVA$$

ポリビニルアルコールはメタノールに溶けないので沈殿となって析出する。ポリビニルアルコールは白色または淡黄色の粉末で比重1.21〜1.31で，-OH を多く有するため水に溶けるが，有機溶媒には溶けない。また酸やアルカリに溶ける。そして耐熱性（約140℃）耐候性にとんでいる。

この PVA はドイツのヘルマン Herrmann とヘーネル Haehnel によって1924年にはじめてつくられた。これはその頃ではめずらしく親水性で，水に溶ける高分子であった。そこで，ドイツでは手術用の糸が1935年 Braun の発明によって Synthofil と名づけられて発売された。一方，アメリカでは，水雷敷設用のパラシュートが PVA の繊維でつくられた。これはパラシュートが落下後，海水に溶けてこん跡を残さないためであった。現在では，PVA は織物ののり，紙のサイ

ジング，乳化剤，水性塗料などに用いられる。また有機溶媒に不溶で気体の透過性がきわめて小さく，かつ耐油性であるために，食品包装材料や油のタンクの内張りなど特殊な用途に用いられている。

PVA は水溶性であるから通常の繊維としては不適当である。そこで PVA を紡糸した後，熱を加えるとある程度の耐水性が生じるが，沸騰水にも溶けなくするためには，ホルムアルデヒドを用いてアセタール化（『有機化学特講』p. 78 参照）して，分子中に多く存在する親水性の –OH を，ある程度なくすることによって耐水性の繊維ができる。この方法は我が国で開発された。

PVA の紡糸は通常，湿式紡糸が行われる。まず PVA を水に溶かして15〜20％の水溶液となし，その際の凝固液としては Na_2SO_4 の濃厚溶液が用いられる。次にこの繊維を延伸しながら空気中で180〜230℃に数分間加熱する。これによって 80〜90℃ の範囲の耐熱水性を生じる。しかし沸騰水には溶けるから，これをホルムアルデヒドでアセタール化する。それにはホルムアルデヒド 40〜60 g/l，Na_2SO_4 200〜250 g/l，H_2SO_4 200〜250 g/l などを含む液を 50〜70℃ で 40〜60 分ぐらいの時間をかけて分子中の 30〜40％ をアセタール化する。

$$-CH_2-CH-CH_2-CH-CH_2-CH- \xrightarrow[\text{アセタール化}]{\text{HCHO}}$$
$$\quad\quad OH \quad\quad OH \quad\quad OH$$
$$\text{PVA}$$

$$-CH_2-CH-CH_2-CH-CH_2-CH-$$
$$\quad\quad O—CH_2-O \quad\quad OH$$
$$\text{ビニロン}$$

主反応は上のようであるが，一部は次のように反応し長い分子間に橋がかかる（架橋反応）。

$$-CH_2-CH-CH_2-CH-CH_2-CH-CH_2-$$
$$\quad\quad OH \quad\quad OH$$
$$\quad\quad\quad\quad\quad\quad CH_2$$
$$\quad\quad\quad\quad\quad\quad O$$
$$-CH_2-CH-CH_2-CH-CH_2-CH-CH_2-$$
$$\quad\quad OH \quad\quad OH$$

ホルムアルデヒドのかわりにベンズアルデヒド C_6H_5-CHO を使って，さらに耐水性のよいビニロンもつくられている。

ビニロンは合成繊維の中でもっとも木綿に近く，またナイロンに次ぐ軽い繊維である。価格も安く，引張強度，引裂強度，破裂強度などが大きく，衝撃強度は繊維中，最大である。また摩耗に強く，日光にも強く，耐熱性，耐薬品性が大きい。また接着しやすく，保温性があり，吸湿性も大きい。一方欠点としては，染色性が不十分，熱セット性に乏しく，弾性がよくないことである。

用途として，まず衣料用として作業服，制服類，学生服，メリヤス類，着尺地，コート地，シャツ類，婦人子供服，寝具類，裏地などに用いられる。しかしビニロンは産業用としてのほうが多くが用いられる。すなわち（漁網ことにアジ，サバ用），シート，テント，ロープ，リュックサック，海苔網，帆布，自動車用タイヤコード，運動靴，工業用ろ過布，電線被覆，屋上防水としてのアスファルトルーフィング基材等に用いられる。

*

【問題】 次の記述を読んで，以下の問い（問1〜）に答えよ。

高分子化合物は構成単位である単量体の数百〜数千が結合したものである。その分子量は数万から数十万にわたり，通常の分子にくらべて非常に大きい。したがって，高分子化合物の希薄溶液の凝固点降下度はィ□□□，この方法による分子量の測定は困難である。たとえば，ベンゼン 100 g にナフタレン2.00 g を溶かした溶液の凝固点降下度は0.79℃であるが，分子量5000のポリスチレン2.00 g をベンゼン100 g に溶かした場合の凝固点降下度はA□□□℃になる。したがって，0.01℃まで正確にはかれる温度計を用いても，1 万に近い分子量を凝固点降下法で正確に求めることは不可能に近い。この様な高分子化合物の分子量測定にはB□□□法やC□□□法などが用いられる。

アセチレンに酢酸を付加させるとD□□□が生成する。この化合物は炭素—炭素二重結合をもっているので，ロ□□□反応のくり返しによって重合しE□□□になる。これを加水分解するとF□□□ができる。F□□□は構造上G□□□の重合したものに相当するが，G□□□は安定には存在しないので，F□□□を直接G□□□の重合によってつくることはできない。F□□□はハ□□□性の二□□□基を持っているので水に溶けるが，これを紡糸したのちにホルムアルデヒドの適量と反応させると水に溶けなくなり，適度の吸湿性をもった繊維にかえることができる。

問1　文中の空欄（イ〜ニ）にあてはまる語句を下の語群の中から選んで，その番号を記せ。
（語群）
1　大きく　　2　還元　　3　カルボキシル
4　メチル　　5　親水　　6　アルコール
7　小さく　　8　付加　　9　アルカリ
10　疎水　　11　酸化　　12　縮合
13　水酸　　14　フェニル　15　酸
問2　空欄BおよびCにあてはまる語句を記せ。
問3　空欄D〜Gにあてはまる化合物名を記せ。
問4　化合物DおよびFの構造式を書け。
問5　空欄Aに相当する数値を有効数字 2 桁まで求めよ。ただし原子量を C＝12，H＝1 として計算せよ。

問6 文中の下線を引いた部分に相当する反応を
化学反応式で示せ。 （昭和59年　大阪大）

【解答】　ベンゼン（溶媒）1kg あたりに溶かした溶質のモル数（重量モル濃度）と凝固点降下度は比例する。ナフタリン $C_{10}H_8$（＝128）2.00 g をベンゼン 100 g に溶かした溶液のナフタリンの重量モル濃度は，

$\dfrac{20.0}{128}$ モル/kg であり，同様にポリスチレンの重量

モル濃度は $\dfrac{20.0}{5000}$ モル/kg である。したがってそのと

きの凝固点降下度を $\varDelta t$℃ とすれば

$$\begin{array}{ccc} \text{ベンゼン} & \text{溶　質} & \text{凝固点降下度} \end{array}$$

$$1\text{kg} \left\{ \begin{array}{lcl} \dfrac{20.0}{128}\text{モル} & \text{──} & 0.79\text{℃} \\[2mm] \dfrac{20.0}{5000}\text{モル} & \text{──} & \varDelta t\text{℃} \end{array} \right.$$

$$\therefore \quad \varDelta t = \dfrac{\dfrac{20.0}{5000}\times 0.79}{\dfrac{20.0}{128}} = 0.020 \ (\text{℃})$$

もし分子量が10,000以上だと凝固点降下度は0.01℃で，0.01℃まではかれる温度計（ベックマン温度計）でも測定困難になる。したがってこのような高分子化合物の分子量測定には浸透圧を測定する原理を用いた浸透圧法が利用される。その他，光散乱法，拡散法，超遠心機による沈降速度法，沈降平衡法などもある。その他粘度法もあるが，浸透圧法以外は高校では習わない。

（答）　問1．イー7　ロー8　ハー5　ニー13

問2．B，Cは浸透圧法，光散乱法，拡散法，沈降速度法，粘度法のどれか2つ。

問3．D―酢酸ビニル　E―ポリ酢酸ビニル
　　F―ポリビニルアルコール　G―ビニルアルコール

問4．D：
$$\begin{array}{c} H \\ \diagdown \\ H \diagup \end{array} C = C \begin{array}{c} H \\ \diagup \\ \diagdown \\ O-C-C-H \\ \ \ \ \underset{O}{\|}\ \ \underset{H}{} \end{array}$$

F：$\left[\begin{array}{c} H \ \ H \\ -C-C- \\ H \ O-H \end{array} \right]_n$

問5．A―0.020

問6．$\left[\begin{array}{c} -CH_2-CH-CH_2-CH-CH_2-CH- \\ \ \ \ \ \ \ \ OH\ \ \ \ \ \ \ \ \ OH\ \ \ \ \ \ \ \ \ \ OH \end{array} \right]_n + n\ HCHO$

$\longrightarrow \left[\begin{array}{c} -CH_2=CH-CH_2-CH-CH_2-CH- \\ \ \ \ \ \ \ O-CH_2-O\ \ \ \ \ \ \ \ \ \ OH \end{array} \right]_n + n\ H_2O$

【問題】　次の文を読み，下記の各問に答えよ。

ビニル系高分子は一般式 $CH_2=CHR$ で表される原料（単量体）を付加重合することによって得られ，そのうちで，もとの単量体のRが $-CN$ の場合は a ☐☐☐☐，$-CH_3$ の場合は b ☐☐☐☐ とよばれる。ところで，R が $-OH$ の単量体は (イ)アセチ

レンに水を付加させて得ようとしても得られない。したがって，(ロ)ポリビニルアルコールは他の単量体から作られる。また，ポリビニルアルコールの水溶液は (ハ)硫酸ナトリウムを加えると白濁する。この現象は c ☐☐☐☐ とよばれる。

問〔1〕　文中の ☐☐☐☐ に該当する最も適当な語句を次の中から選び，番号で記せ。
1．ポリエチレン　　　2．ポリプロピレン
3．ポリイソプレン　　4．ポリスチレン
5．ポリアクリロニトリル
6．ポリアミド繊維　　7．凝縮
8．チンダル現象　9．塩析　10．透析

問〔2〕　下線(イ)について，この反応で実際に生成する化合物の構造式を記せ。

問〔3〕　下線(ロ)について，どのような単量体からどのように作られるか説明せよ。

問〔4〕　下線(ハ)の溶液から硫酸ナトリウムを除去して，再びポリビニルアルコールの水溶液を得る方法を1つ述べよ。　（昭和59年　熊本大）

【解答】　問〔1〕　ポリビニルアルコールは親水性の分子コロイドであるから，電解質を多量に加えないと凝析しない。親水コロイドに多量の電解質を加えて凝析させることを特に塩析という。

（答）　a―5　b―2　c―9

問〔2〕
$$\begin{array}{c} \ \ \ H \\ \ \ \ | \\ H-C-C-H \\ \ \ \ | \ \ \ \| \\ \ \ \ H \ \ O \end{array}$$

問〔3〕　アセチレンに酢酸を付加させて酢酸ビニルとし，これを付加重合させてポリ酢酸ビニルとしたのちアルカリで加水分解してつくられる。

問〔4〕　透析して Na^+ や SO_4^{2-} を除去すればよい。

【問題】　次の文の(1)☐☐☐☐～(5)☐☐☐☐ および
(6)〔　〕～(8)〔　〕に入れる最も適当なものを，それぞれ a群 および 〔 b群 〕から選び，その記号をマークしなさい。

(1)　エステルは加水分解すると，一般に酸とアルコールとになる。例えば，$CH_2=CHCOOCH_3$ を加水分解すると，酸として (1)☐☐☐☐ が，アルコールとして (2)☐☐☐☐ が生成する。$CH_2=CHCOOCH_3$ の異性体である (3)☐☐☐☐ を，同じように加水分解すると，(4)☐☐☐☐ と $CH_2=CHOH$ が生成するはずであるが，このアルコールは不安定で，(5)☐☐☐☐ に変わる。

(2)　$CH_2=CHCOOCH_3$ を付加重合させると (6)〔　〕ができる。また (3)☐☐☐☐ は付加重合して (7)〔　〕になる。

(3)　(7)〔　〕を加水分解すると，(8)〔　〕ができる。(1)で述べたように，単量体 $CH_2=CHOH$ は不安定で存在しないが，$CH_2=CHOH$ の重合体

に対応する (8〔　　〕) は，上記のようにして
(3)□□□ より合成することができる。

a群

(ア) $CH_3CH=CHCOOH$

(イ) $CH_2=CHOCOCH_3$　(ウ) $CH_3CH=CHCHO$

(エ) $CH_2=CHCOOH$　(オ) $CH_2=CHCOOCH_3$

(カ) $CH_2=CHCHO$　(キ) CH_3CH_2COOH

(ク) CH_3CH_2OH　(ケ) CH_3CH_2CHO

(コ) CH_3COOH　(サ) CH_3OH　(シ) CH_3CHO

〔b群〕

(ア) $\left(\begin{array}{c}-CH-CH-\\ \ \ |\ \ \ \ \ \ |\\ CH_3\ \ COOH\end{array}\right)_n$　(イ) $\left(\begin{array}{c}-CH_2-CH-\\ |\\ OCOCH_3\end{array}\right)_n$

(ウ) $\left(\begin{array}{c}-CH_2-CH-\\ |\\ OCH_2CHO\end{array}\right)_n$　(エ) $\left(\begin{array}{c}-CH_2-CH-\\ |\\ COOH\end{array}\right)_n$

(オ) $\left(\begin{array}{c}-CH_2-CH-\\ |\\ COOCH_3\end{array}\right)_n$　(カ) $\left(\begin{array}{c}-CH_2-CH-\\ |\\ CHO\end{array}\right)_n$

(キ) $\left(\begin{array}{c}-CH_2-CH-\\ |\\ OH\end{array}\right)_n$　(ク) $\left(\begin{array}{c}-CH-CH-\\ \ |\ \ \ |\\ OH\ OH\end{array}\right)_n$

(コ) $\left(\begin{array}{c}-CH_2-CH-\\ |\\ CH_2OH\end{array}\right)_n$

（昭和53年　関西大）

【解答】 (1)　$CH_2=CHCOOCH_3+H_2O$
　　　　　アクリル酸メチル
　$\longrightarrow CH_2=CHCOOH+CH_3OH$
　　　　　　　　アクリル酸　　メタノール

$CH_2=CHOOCCH_3+H_2O$
　　酢酸ビニル
　$\longrightarrow 〔CH_2=CH-OH〕+CH_3COOH$
　　　　　　ビニルアルコール　　酢酸
　　　　　　　↓ ケト化
　　　　　　CH_3CHO
　　　　　アセトアルデヒド

（答）　(1)—(エ)　(2)—(サ)　(3)—(イ)　(4)—(コ)　(5)—(シ)

　　　　(6)—(オ)　(7)—(イ)　(8)—(キ)

【問題】 ポリ酢酸ビニル 1kg を完全に加水分解
してポリビニルアルコールにしたのち，そのポリ
ビニルアルコール分子中の水酸基の 30% をホル
ムアルデヒドの 40% 水溶液で処理（アセタール
化）して水に溶けないビニロンをつくりたい。

これに必要なホルムアルデヒド水溶液の重量は
次の値のどれにもっとも近いか。

　(a)　110 g　(b)　130 g　(c)　220 g　(d)　260 g

（昭和51年度　東工大）

【解答】 酢酸ビニル，$CH_2=CH-OOC-CH_3$（$=86$）1
mol，すなわち 86g が付加重合し，これを加水分解す
ると 1mol の -OH ができる。したがって 1kg のポリ
酢酸ビニルを加水分解して生じる -OH は，

$\dfrac{1000}{86}$ mol で，その 30% は $\dfrac{1000}{86}\times\dfrac{30}{100}$ mol で

ある。これをアセタール化するにはその1/2の HCHO
（$=30$）が必要であるからその重さは，

$\dfrac{1000}{86}\times\dfrac{30}{100}\times\dfrac{1}{2}\times30$（g）である。それを 40% の

ホルマリンで行うにはその重さは

$\dfrac{1000}{86}\times\dfrac{30}{100}\times\dfrac{1}{2}\times30\times\dfrac{100}{40}=130.8$（g）

（答）　(b)

【問題】 次の文の高分子①，②およびモノマー⑧，
⑧の構造式を解答欄に記入せよ。また（　）の中
の最も適した用語の記号を選び，それぞれの解答
欄に記入せよ。

　ビニロンは日本で開発された合成繊維として知
られているが，これは高分子①を⑦（a．塩酸
b．ホルマリン　c．クロロホルム）で処理して
作られる。高分子①は水に④（d．可溶性　e.
不溶性）であり，これに⑦（f．塩酸　g．修酸
h．酢酸）を作用させて⑤（i．加水分解　j.
エステル化　k．酸化）すると高分子②を合成で
きるが，実際には高分子②はモノマー⑧を付加重
合して合成している。すなわち高分子①はモノマ
ー⑧を重合した高分子②を⑦（l．加水分解
m．エステル化　n．酸化）して合成しており，
モノマー⑧の付加重合でつくられるわけではな
い。

問い

　　モノマー⑧を使って，高分子①を合成できな
　　い理由を，次の文から一つ選び，その記号を記
　　入せよ。

　a．モノマーが常温で気体である。

　b．モノマーが常温で固体結晶である。

　c．モノマーがきわめて吸湿性で純度が下る。

　d．モノマーが不安定で存在しない。

　e．モノマーが有機溶剤に不溶である。

解答欄

化合物	（例）ポリプロピレン	高分子①	高分子②	モノマー⑧	モノマー⑧
構造式	$\left(\begin{array}{cc}CH_3 & H\\ \ \ \ \|\ \ & \|\\ -C\ \ \ \ & -C-\\ \ \ \|\ \ & \|\\ H & H\end{array}\right)_n$				

（昭和54年　東京農工大）

【解答】 （答）

高分子①　$\left(\begin{array}{cc}H & H\\ | & |\\ -C-C-\\ | & |\\ H & O-H\end{array}\right)_n$

高分子②　$\left(\begin{array}{c}H\ \ H\\ |\ \ \ \ |\\ -C-C-\ \ \ \ \ \ \ \ H\\ |\ \ \ \ |\ \ \ \ \ \ \ \ \ |\\ H\ \ O-C-C-H\\ \ \ \ \ \ \ \ \|\ \ |\\ \ \ \ \ \ \ \ O\ H\end{array}\right)_n$

モノマー⑧

$\begin{array}{c}H\\ \ \ \diagdown\\ \ \ \ \ \ C=C\\ \diagup\ \ \ \ \ \ \ \diagdown\\ H\ \ \ \ \ \ \ \ \ \ \ O-C-C-H\\ \ \ \ \ \ \ \ \ \ \ \ \ \ \ \ \ \|\ \ |\\ \ \ \ \ \ \ \ \ \ \ \ \ \ \ \ O\ H\end{array}$

モノマー⑧

$\begin{array}{c}H\\ \ \ \diagdown\ \ \ \ \ \ \ \ \diagup H\\ \ \ \ \ \ C=C\\ \diagup\ \ \ \ \ \ \ \diagdown\\ H\ \ \ \ \ \ \ \ \ \ O-H\end{array}$

⑦—b，④—d，⑦—h，⊜—j，⑦—l，問い—d

(3) 4.16×10^4 (4) 1.06×10^4

【問題】 次の文を読んで下の(1)〜(4)の問いに答えよ。

合成高分子化合物は一般に，簡単な低分子化合物（単量体）が繰り返し多数結合したものであり，その重合反応は^1（ ）と^2（ ）に大別される。合成繊維ビニロンの原料であり，かつ，水に溶ける数少ない合成高分子化合物の一つであるAは，単量体に相当する化合物が安定に存在しないため，合成高分子化合物Bを^3（ ）して得られる。Bは^4☐☐に酢酸を^5（ ）して得られる^6☐☐を単量体とし，^{1}（ ）によって合成される。

B 0.1gを100mlのメタノールに溶解し，27℃で浸透圧を測定したところ，5.91×10^{-4}気圧であった。（問い(3)および(4)において，答えは小数点以下を四捨五入せよ。なお必要ならば次の原子量を用いよ。H：1，C：12，O：16)

(1) （ ）に反応の種類を，☐☐に物質名を入れよ。

(2) AおよびBの物質名と，それぞれの分子を構成している繰り返し単位の構造式を書け。

(3) Bの分子量を求めよ。ただし気体定数の値は，0.082 l・気圧/K・mol である。

(4) BからAを得る操作によって，一般に重合度（1分子中に結合している単量体の数）は低下する。いまAの重合度がBの重合度のちょうど1/2になったとすればAの分子量はどれだけになるか。
（昭和54年　金沢大）

【解答】 Aはポリビニルアルコール，Bはポリ酢酸ビニルである。Bの分子量は浸透圧 $p=5.91 \times 10^{-4}$ atm, $w=0.1$ g, $v=0.1$ l, $T=(273+27)$ K であるから

$pv=\dfrac{w}{M}RT$ より

$5.91 \times 10^{-4} \times 0.1 = \dfrac{0.1}{M} \times 0.082 \times (273+27)$

∴ $M=4.16 \times 10^4$

これよりBの重合度を n とすれば

$\left[\begin{array}{c}\text{-CH}_2\text{-CH-}\\ \quad\text{OOCCH}_3\end{array}\right]_n = 86n = 4.16 \times 10^4$

∴ $n \fallingdotseq 484$

したがってAの重合度を m とすれば $m=\dfrac{484}{2}=242$ であるからAの分子量は次のようになる。

$\left[\begin{array}{c}\text{-CH}_2\text{-CH-}\\ \quad\text{OH}\end{array}\right]_m = 44m = 44 \times 242 = 10648$

(答) (1) 1. 付加重合 2. 縮(合)重合 3. 加水分解 4. アセチレン 5. 付加 6. 酢酸ビニル

(2) A．ポリビニルアルコール　B．ポリ酢酸ビニル

$\left[\begin{array}{c}\text{-CH}_2\text{-CH-}\\ \quad\text{OH}\end{array}\right]_n$　$\left[\begin{array}{c}\text{-CH}_2\text{-CH-}\\ \quad\text{OOC-CH}_3\end{array}\right]_n$

【問題】 次の文を読み，各問に答えよ。

ポリ酢酸ビニル（Ⅰ）を加水分解（ケン化）するとポリビニルアルコールが得られる。しかし，この反応が完全に進行しない時には，(1)式に示すような未反応の酢酸ビニル構造を含んだ不完全ケン化ポリビニルアルコール（Ⅱ）となる。この場合，$x \times 100/(x+y)$ モル%をそのポリビニルアルコールのケン化度と呼ぶ。（Ⅱ）のような不完全ケン化ポリビニルアルコールを過剰〔$(y+\alpha)$ モル〕の水酸化ナトリウム溶液（0.1 規定）に溶解後，30℃で3時間放置すると，(2)式に従って加水分解が完結し，完全ケン化ポリビニルアルコール（Ⅲ）が得られる。

$\left[\begin{array}{c}\text{-CH}_2\text{CH-}\\ \quad\text{OCOCH}_3\end{array}\right]_n \xrightarrow[\text{（ケン化）}]{\text{加水分解}}$

（Ⅰ）

$\left[\begin{array}{c}\text{-CH}_2\text{CH-}\\ \quad\text{OH}\end{array}\right]_x \left[\begin{array}{c}\text{-CH}_2\text{CH-}\\ \quad\text{OCOCH}_3\end{array}\right]_y$ ……………(1)

（Ⅱ）

$\left[\begin{array}{c}\text{-CH}_2\text{CH-}\\ \quad\text{OH}\end{array}\right]_x \left[\begin{array}{c}\text{-CH}_2\text{CH-}\\ \quad\text{OCOCH}_3\end{array}\right]_y$

（Ⅱ）

$+(y+\alpha)\text{NaOH} \xrightarrow{\text{完全ケン化}} \left[\begin{array}{c}\text{-CH}_2\text{CH-}\\ \quad\text{OH}\end{array}\right]_{(x+y)}$

（Ⅲ）

$+y\text{CH}_3\text{COONa} + \alpha\text{NaOH}$ ……………(2)

(1) 不完全ケン化ポリビニルアルコールを(2)式に従って完全ケン化した時に生成する酢酸ナトリウムを中和滴定法によって定量したい。滴定手順，指示薬の種類を明記して説明せよ（120字以内）。

(2) 不完全ケン化ポリビニルアルコール 1000mgを完全ケン化した時，2.075×10^{-3} モルの酢酸ナトリウムが生成した。このポリビニルアルコールのケン化度はいくらか。C=12，H=1，O=16 として，有効数字3けたまで求めよ。
（昭和56年　岩手大）

【解答】 (1) $(y+\alpha)$ モルの水酸化ナトリウムで完全にけん化した後の溶液は，ポリビニルアルコール（中性）と，y モルの CH_3COONa と，α モルの NaOH の混合溶液である。したがって，NaOH と CH_3COONa の混合物を HCl の標準溶液で滴定することになる。この混合溶液を HCl 標準溶液で滴定すると次のように2段階に反応が進行する。

$\text{NaOH} + \text{HCl} \longrightarrow \text{NaCl} + \text{H}_2\text{O}$……………①

$\text{CH}_3\text{COONa} + \text{HCl} \longrightarrow \text{CH}_3\text{COOH} + \text{NaCl}$ …②

滴定前は NaOH のため溶液のアルカリ性は強いが，HCl を滴加して①の反応が終わった点では，その溶液

は，CH_3COONa のため微アルカリ性を示す。したがって最初フェノールフタレインを加えて HCl で滴定すれば，その赤色が消えた点が①の反応が終了したことを示す。またそれまでに要した HCl 標準溶液の量から $NaOH$ の量を知ることができる。次にこの無色になった溶液にメチルオレンジを指示薬として加えると黄色を呈する。この溶液を HCl 標準溶液でさらに滴定をつづけると②の反応が完了し，その液は CH_3COOH のために微酸性を示し，そのためメチルオレンジがわずかに赤色を示す。このことからそれまでに要した HCl 標準溶液の量から CH_3COONa の量を知ることができる。

$$\left[\begin{array}{c}-CH_2-CH- \\ | \\ OH\end{array}\right]_x \left[\begin{array}{c}-CH_2-CH- \\ | \\ OOCCH_3\end{array}\right]_y \longrightarrow y\ CH_3COONa$$

$$(44x+86y)\text{g} \qquad\qquad\qquad\quad y\ \text{モル}$$
$$1.000\ \text{g} \qquad\qquad\qquad\quad 2.075\times10^{-3}$$

$$\therefore (44x+86y) : y = 1.000 : 2.075\times10^{-3}$$

これより $\dfrac{x}{y}=9.0$ となる。したがって

$$\text{けん化度}=\frac{100x}{x+y}=\frac{100\left(\dfrac{x}{y}\right)}{\dfrac{x}{y}+1}=\frac{100\times9.0}{9.0+1}=90.0\ (\%)$$

（答）(1) 溶液の一定量をとり，フェノールフタレインを指示薬として塩酸の標準溶液で赤色から無色になるまで滴定し，この液にメチルオレンジを滴下した後，塩酸標準溶液を滴下し，黄色から微赤色を呈するまでに要した標準溶液の量より酢酸ナトリウムの量を求めることができる。

(2) 90.0％

【問題】 ポリ酢酸ビニル1.72トンを加水分解したのち，30％ ホルマリン 600kg で処理（アセタール化）して，ビニロンを製造した。このとき，加水分解によって生成した水酸基のうち何％がアセタール化されたか。ただし，各段階の反応は完全に進行するものとする。 （昭和57年 東工大）

【解答】 ポリ酢酸ビニル

$$\left[\begin{array}{c}-CH_2-CH- \\ | \\ OOC-CH_3\end{array}\right]_n \longrightarrow \left[\begin{array}{c}-CH_2-CH- \\ | \\ OH\end{array}\right]_n$$
$$86n \qquad\qquad\qquad 44n$$

86 g のポリ酢酸ビニルを加水分解して生じるポリビニルアルコールは44 g で，その中に存在する -OH 基は1モルである。したがって1.72 トンすなわち 1.72×10^6 g のポリ酢酸ビニルより生じたポリビニルアルコール中に存在する -OH の数は，

$$\frac{1.72\times10^6}{86}=2.00\times10^4\ \text{モル}である。$$

ホルムアルデヒド $HCHO$（$=30$）1 モルは 2 モルの-OH 基をアセタール化する。用いたホルムアルデ

ドは $6.00\times10^5\times\dfrac{30}{100}\times\dfrac{1}{30}=6.00\times10^3$ モルで，これによってアセタール化される -OH は，$6.00\times10^3\times2=1.20\times10^4$ モルであるから，アセタール化された割合は

$$\frac{1.20\times10^4}{2.00\times10^4}\times100=60\ (\%)$$

【問題】 つぎの文章を読み，設問に答えなさい。

水銀(Ⅱ)塩を触媒にしてアセチレンに水を付加させると，化合物Aになる。Aを酸化すると，酸B が得られる。アセチレンにBを付加させると化合物Cができ，Cを付加重合すると，高分子Dとなる。Dを加水分解すると，高分子Eが得られる。

(1) A，B，C，DおよびEの化合物名を書きなさい。

(2) 例にならって，DおよびEの構造を表す最小くり返し単位を書きなさい。

例 ナイロン6 : $\left[\begin{array}{c}-N-(CH_2)_5-C- \\ | \qquad\qquad \| \\ H \qquad\qquad O\end{array}\right]_n$

（昭和57年 慶応大（理工））

【解答】 (1) A―アセトアルデヒド，B―酢酸 C―酢酸ビニル，D―ポリ酢酸ビニル，E―ポリビニルアルコール

(2)

$$\underset{D}{\left[\begin{array}{c}-CH_2-CH- \\ | \\ O-C-CH_3 \\ \| \\ O\end{array}\right]_n} \qquad \underset{E}{\left[\begin{array}{c}-CH_2-CH- \\ | \\ OH\end{array}\right]_n}$$

【問題】 以下の㋐～㋖の空欄に適当な言葉あるいは数字を記せ。原子量は $H=1.01$，$C=12.0$，$O=16.0$ とする。）

合成繊維のビニロンを作るためには，まず原料モノマーである㋐□□□を㋑□□□重合させ，ポリ㋐□□□を作る必要がある。次にこのポリマーに対し，化合物である㋒□□□を用いて㋓□□□という反応を起こし，ポリビニルアルコールという高分子に転換する。㋓□□□の反応において，収率43.0％でポリビニルアルコールを2.20g得るためには，原料のポリマーを㋔□□□ g用意する必要がある。さて，このポリビニルアルコールは繊維にはなるが水に溶けやすいので，紡糸した後，㋕□□□水溶液で処理をおこなう。この際，分子鎖中の近くに位置する㋖□□□基の一部は，互いにメチレン基（$-CH_2-$）で結ばれて環状になる。このようにして水に不溶性としたものがビニロンである。 （昭和60年 東京農工大）

【解答】 ポリ酢酸ビニル 86 g からポリビニルアルコールは44 g生じる。したがって43.0％で2.20 gのポリビニルアルコールを得るに必要なポリ酢酸ビニルの

(25)

量は

$$\frac{86}{44} \times 2.20 \times \frac{100}{43.0} = 10.0 \text{ (g)}$$

（答）　(ア) 酢酸ビニル　(イ) 付加　(ウ) 水酸化ナトリウム　(エ) けん化　(オ) 10.0　(カ) ホルムアルデヒド　(キ) 水酸

【問題】　つぎの文章を読み，〔1〕～〔10〕に答えよ。

　無機，有機を問わず，すべての化合物の製法は，時代とともに移り変わっていく。食酢として馴染み深い酢酸もその例外ではない。

　食酢は酒類にア□□□菌を加えて，長時間暖所に放置することにより，含有アルコールが酢酸に変化したものであり，その作り方は，古代エジプトの時代にすでに知られていた。

　酢酸が多量に作られ始めたのは18世紀になってからで，木材の乾留液（木酢液）からイ□□□などとともに取り出された。木酢液に石灰を加え，酢酸をウ□□□として分離し，(1)このウ□□□に硫酸を加えて酢酸を取り出したのである。

　20世紀初めに，ドイツで(2)エ□□□の水和でアセトアルデヒドが合成されるようになり，このアセトアルデヒドの酸化で合成酢酸が工業的に作られるようになると，酢酸の木材乾留による製造法は急速にすたれていった。日本では，この合成酢酸の製造が昭和の初めに開始され，その後，(3)カーバイド工業の新分野として発展し，1960年代初期には，酢酸の製造は年産10万トンに達した。

　1959年，パラジウム触媒を使ってエチレンを直接アセトアルデヒドにする方法（ヘキスト・ワッカー法という）が開発されると，わが国でも直ちに技術導入され，つぎつぎとこの方法に変換され，1968年には，エ□□□からの製造法は姿を消してしまった。ヘキスト・ワッカー法では，反応は，中間にパラジウム—エチレン錯体を経るアセトアルデヒドの生成反応(i)と，パラジウム触媒の再生反応(ii)，(iii)とからなる。

　　$H_2C=CH_2+PdCl_2+H_2O \longrightarrow CH_3CHO+Pd+2HCl$　……(i)

　　$Pd+2CuCl_2 \longrightarrow PdCl_2+Cu_2Cl_2$　……(ii)

　　$Cu_2Cl_2+\frac{1}{2}O_2+2HCl \longrightarrow 2CuCl_2+H_2O$　……(iii)

生成したアセトアルデヒドは，酢酸マンガンを触媒として酸素で酸化され，収率よく酢酸に変換されている。

　一方，1960年代より，メタノールからの酢酸製造法（メタノール法と呼ばれる）が開発され，1970年代に工業化された。メタノール法では，形の上ではメタノールにオ{　}を付加させることになる。無論，メタノールにオ{　}を一段階で付加させることはできない。メタノール法では，ロジウム触媒が重要な役割を果たしている。ロジウム触媒を介して，ヨードメタンのC—I間にオ{　}が入り[反応式(iv)]，ここに生成した(4)カ{　}が加水分解を受け，酢酸とキ{　}に変換されるのである[反応式(v)]。消費される(5)ヨードメタンはキ{　}とメタノールとの反応で補充される[反応式(vi)]。

　　CH_3I+ オ{　} $\xrightarrow{\text{ロジウム触媒}}$ カ{　}　……(iv)

　　　（反　応　式）　……(v)

　　　（反　応　式）　……(vi)

　現在，日本では，ヘキスト・ワッカー法のアルデヒドを経る製造法とメタノール法による製造法が酢酸製造の主流であり，年産40～50万トンの酢酸が製造されている。(6)メタノールは工業的にはオ{　}とク{　}から合成されているので，もし，メタノールを経由することがなく，(7)オ{　}とク{　}より直接に酢酸が合成できれば，設備的にも，エネルギーコスト的にも有利なプロセスとなる可能性がある。この技術を開発することが，これからの課題である。

　以上のようにして合成される酢酸の主な用途にはケ□□□の製造やコ□□□の製造などがある。(8)ケ□□□はエ□□□に酢酸を付加させて作られ，サ□□□と呼ばれる合成繊維の原料になるとともに，その合成樹脂エマルジョンは，土木建築用の接着剤，塗料基剤，紙サイジング用など幅広く使われている。一方，木材からリグニンと呼ばれる高分子物質や樹脂を除くとシ□□□になる。シ□□□はほとんどきれいなス□□□であり，これがコ□□□の原料となる。これをセ（　）化するとコ□□□になるわけであるが，酢酸で直接セ（　）化することは難しい。そこで，酢酸より強力なセ（　）化試剤である(9)ソ□□□に変えてス□□□に反応させている。コ□□□は衣料用のほかに，タバコのフィルターや写真フィルムの素材，あるいは，プラスチックとして大量に消費されている。

〔1〕　ア□□□，ウ□□□，エ□□□，ケ□□□，コ□□□，サ□□□，シ□□□，ス□□□，ソ□□□には化合物名または物質名を入れよ。セ（　）には適当な語句を入れよ。オ{　}，カ{　}，キ{　}，ク{　}には化学式を記せ。イ□□□には，木酢液から酢酸を除いた後に得られる成分のうち，1つを化合物名で

書き入れよ。

〔2〕 下線(1)の反応を反応式で示せ。

〔3〕 下線(2)の反応を反応式で示せ。

〔4〕 下線(3)のカーバイド工業とアセチレンとはどのようなつながりがあるか。反応式を書いて説明せよ。

（縦 1.9 cm，横 12.1 cm の解答欄省略）

〔5〕 (a) 下線(4)の反応を反応式で示せ。〔これを反応式(v)とする。〕

(b) 下線(5)の反応を反応式で示せ。〔これを反応式(vi)とする。〕

(c) 反応式(iv)，(v)，(vi)を合わせると，全体でどのような式になるか。

〔6〕 下線(6)の反応を反応式で示せ。

〔7〕 下線(7)の反応を反応式で示せ。

〔8〕 下線(8)の反応を反応式で示せ。

〔9〕 (a) 物質ス□の構造を〔――基本構造の示性式――〕n で示せ。ただし，この基本構造の化学式は〔――$C_6H_{10}O_5$――〕で表される。

(b) 下線(9)の反応を反応式で示せ。

〔10〕 物質コ□の衣料用繊維は何と呼ばれるか。

（昭和60年　京都府立医大）

【解答】〔1〕 酒類に酢酸菌を加えて放置すると，酒類中のエタノールが酸化されて酢酸になる。木材を乾留して得られる木酢液は酢酸，メタノール，アセトン等を含んでいる。これに，石灰（主成分は酸化カルシウム CaO）を加えて中和して蒸留するとメタノールやアセトンが留出し，あとに酢酸カルシウムが残る。

$$2CH_3COOH+CaO \longrightarrow (CH_3COO)_2Ca+H_2O$$

これに硫酸を加えて蒸留して酢酸が得られる。

$$(CH_3COO)_2Ca+H_2SO_4 \longrightarrow 2CH_3COOH+CaSO_4$$

アセチレン CH≡CH に HgSO$_4$ を触媒として水和反応をさせて，アセトアルデヒドとなし，これを酸化して酢酸をうるようになった。

$$CH≡CH+H_2O \longrightarrow CH_3CHO$$
$$CH_3CHO+O \longrightarrow CH_3COOH$$

ヘキスト・ワッカー法では，エチレンを Pd 触媒を用いて酸化してアセトアルデヒドとし，これを酸化して酢酸をつくる。

$$CH_2=CH_2+O \longrightarrow CH_3CHO$$
$$CH_3CHO+O \longrightarrow CH_3COOH$$

メタノール法では，メタノールに Rh 触媒を用いて一酸化炭素を作用（付加という語はよくない）させて酢酸をつくる。

$$CH_3OH+CO \longrightarrow CH_3COOH \quad ……①$$

しかし実際は，ヨードメタン CH$_3$I に CO を作用させてヨウ化アセチル CH$_3$COI が生じる。

$$CH_3I+CO \longrightarrow CH_3-\overset{\|}{\underset{O}{C}}-I \quad ……②$$

これが加水分解されて CH$_3$COOH と HI を生じる。

$$CH_3-\overset{\|}{\underset{O}{C}}-I+H_2O \longrightarrow CH_3-\overset{\|}{\underset{O}{C}}-OH+HI \quad ……③$$

HI はメタノールと反応してヨードメタンになる。

$$CH_3OH+HI \longrightarrow CH_3I+H_2O \quad ……④$$

以上の②，③，④の3式を辺々加えると①式が得られ結局，CH$_3$OH と CO から CH$_3$COOH ができたこと

になる。メタノールは工業的には一酸化炭素と水素とから ZnO を触媒としてつくられる。

$$CO+2H_2 \longrightarrow CH_3OH$$

(答)〔1〕 (ア) 酢酸 (イ) メタノール (ウ) 酢酸カルシウム (エ) アセチレン (オ) CO (カ) CH$_3$COI (キ) HI (ク) H$_2$ (ケ) 酢酸ビニル (コ) アセチルセルロース (サ) ビニロン (シ) パルプ (ス) セルロース (セ) アセチル (ソ) 無水酢酸（または塩化アセチル）

〔2〕 $(CH_3COO)_2Ca+H_2SO_4$
$$\longrightarrow 2CH_3COOH+CaSO_4$$

〔3〕 $CH≡CH+H_2O \longrightarrow CH_3CHO$

〔4〕 カルシウムカーバイドに水を作用させるとアセチレンが発生する。
$$CaC_2+2H_2O \longrightarrow CH≡CH+Ca(OH)_2$$

〔5〕 (a) $CH_3COI+H_2O \longrightarrow CH_3COOH+HI$

(b) $CH_3OH+HI \longrightarrow CH_3I+H_2O$

(c) $CH_3OH+CO \longrightarrow CH_3COOH$

〔6〕 $CO+2H_2 \longrightarrow CH_3OH$

〔7〕 $2CO+2H_2 \longrightarrow CH_3COOH$

〔8〕 $CH≡CH+CH_3COOH \longrightarrow CH_2=CHOOC-CH_3$

〔9〕 (a) 〔$-C_6H_7O_2(OH)_3-$〕n

(b) 〔$-C_6H_7O_2(OH)_3-$〕$n+3n(CH_3CO)_2O$
$$\longrightarrow 〔-C_6H_7O_2(OOC-CH_3)_3-〕n+3nCH_3COOH$$

〔10〕 アセテートレーヨン

理科系特別単科ゼミ 化学

有機高分子化合物(5)
―合成繊維―ポリオレフィン系繊維―

明治薬科大講師・代々木ゼミナール講師・中央ゼミナール講師
大西　憲昇

5. ポリオレフィン系繊維

ポリオレフィンには，ポリプロピレン，ポリエチレン，ポリブチレンなどがあり，いずれも炭化水素である。その中でポリプロピレンとポリエチレンが繊維として実用化されている。

さて，エチレン $CH_2=CH_2$ が重合して固体が得られるということが発見されたのは比較的遅く，1933年（昭和8年）のことである。すなわち，イギリスのICI（インペリアル・ケミカル・インダストリー社）の技術者が，エチレンを高圧・高温で重合させてポリエチレンが生ずることを発見したのである。また1937年には，パイロットプラントが建設され，新しいプラスチックとして応用の研究が行われた。ちょうどその頃は第2次世界大戦突入の時期で，この新プラスチックは電気絶縁性がよいため電線被覆ケーブル，レーダー等に利用された。アメリカでもICI法により，1942年からデュポン社およびユニオンカーバイト社において生産をはじめ，ドイツでもIG社が同年に生産を開始した。

日本では，1943年（昭和18年）に軍の委託によって，電気試験所，京大，阪大などで製造研究が行われた。そして日本窒素水俣工場でパイロットが運転され本プラントが建設されたが，日の目を見ないうちに爆撃で破壊された。戦後になって，わが国の各社は技術導入によってプラントを建設し，各社は自らの技術によってさらに改良を加えた。

その方法は，エチレンを 1000～2000 atm の高圧の下で200℃で重合させたものである。したがって，できたものは**高圧ポリエチレン**といわれる。これは比重が小さいので**低密度ポリエチレン**ともいわれ，軽く，やわらかく，透明性がよいためにフィルム，ラミネート，シートなどに適している。

これに対して 1～6 atm，60～80℃ の低圧・低温で重合させたポリエチレンは高圧ポリエチレンよりも比重が大きく，硬いので**高密度ポリエチレン**という。この低圧・低温でエチレンを重合させる方法は，1953年ドイツのマックスプランク石炭研究所長であった Karl Ziegler が発見した，いわゆる**チーグラー触媒**が用いられる。この触媒は，四塩化チタン $TiCl_4$ と三エチルアルミニウム $Al(C_2H_5)_3$ を組み合わせたものである。すなわち，$TiCl_4$ と $Al(C_2H_5)_3$ を炭化水素溶媒の中で混合すると非常にこまかい粒の青黒色の沈殿物が得られる。これがチーグラー触媒である。この高密度ポリエチレンは，硬い感じのフィルムやまた硬い性質を生かして機械部品などに用いられる。

次に，この低圧ポリエチレンと似た性質をもっているものに**中圧ポリエチレン**というものがある。これはアメリカのフィリップスペトロリアム社とスタンダードオイル社によって完成された。中圧ポリエチレンは 30～80 atm，90～150℃ の比較的低温・低圧の条件下で重合させたもので，触媒として酸化クロムや酸化モリブデンのような金属の酸化物が用いられる。現在，高圧法，中圧法，低圧法によるポリエチレンはいずれも多量に生産され，それぞれに適した用途に用いられている。

既に述べたように，エチレンは高圧，高温で重合して高圧ポリエチレンを生じるが，エチレンの1つのHを CH_3 基で置きかえたプロピレン（プロペン）$CH_3-CH=CH_2$ は，同じ条件では重合しない。また，過酸化ベンゾイルなどの過酸化物を触媒として重合させたポリプロピレンはワックス状で，熱を加えると油状になってしまい用途がないので工業的には生産されない。そこでなんとかして硬い固体のポリプロピレンができないかと考えられていたが，1955年にイタリアのミラノ工科大学のナッタ教授（G. Natta）が，チーグラー触媒を少し変えて硬質のポリプロピレンを合成することに成功した。

すなわち，$TiCl_4$ と $Al(C_2H_5)_3$ の組合わせであるチーグラー触媒の四塩化チタンを，三塩化チタンに変え，$TiCl_3$ と $Al(C_2H_5)_3$ の混合触媒を用いたのである。この触媒は**チーグラー・ナッタ触媒**と呼ばれ，1963年，

チーグラーとナッタはともにノーベル化学賞を受けた。
　この触媒を用いて重合させたポリプロピレンは，プラスチックの中で比重が0.90～0.91と最も小さく，しかも強じんで機械的性質がポリエチレンよりすぐれている。融点も160℃とポリエチレンよりも高く，成型して工業用品をつくるのに適している。分子構造研究のエキスパートであるナッタ教授は，なぜ従来のワックス状のポリエチレンと新しいポリエチレンの性質が異なるのかを，それらの構造より解明したのである。

$$n\ CH_2=CH\underset{CH_3}{} \xrightarrow{重合} {-CH_2-CH-\underset{CH_3}{}}_n$$
　プロピレン　　　　　ポリプロピレン

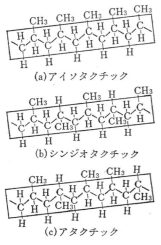
(a) アイソタクチック
(b) シンジオタクチック
(c) アタクチック

それまで知られていたワックス状のポリプロピレンは分子が不均一であったが，新しい硬いポリプロピレンは分子が均一な構造をもっていて，結晶性が大きい。不均一構造をアタクチックといい，そういう構造をもつポリマーを**アタクチックポリマー** atactic polymer という（図の(c)参照）。

一方，均一な構造をアイソタクチックおよびシンジオタクチックといい，そのような構造をもつ重合体をそれぞれ**アイソタクチックポリマー** isotactic polymer とか**シンジオタクチックポリマー** syndiotactic polymer という（図(a)および(b)を参照）。

そして図(a)，(b)のようになんらかの規則的配列を持った分子からなる重合体を**立体規則性高分子** stereo regular polymer といい，このような重合を行わせる触媒を**立体規則性触媒**という。

チーグラー・ナッタ触媒は立体規則性触媒で，これを用いてプロピレンを重合させると，アイソタクチックなポリプロピレンが得られ，有機アルミニウム化合物と有機バナジウム化合物の混合物を触媒にして重合させるとシンジオタクチック・ポリプロピレンが得られる。ナッタ教授は，触媒に用いたチタンとアルミニウムとの間にプロピレンが一定方向に吸着された後に重合するから規則性のある結晶性の高分子ができる，と説明している。そして，一般にポリプロピレンといえば，アイソタクチックポリプロピレンをさす。

[i]　ポリエチレン繊維

　ポリエチレンは，初めイギリスでアルカゼン alkathene という名称でプラスチックとして商品化され，その後，繊維もつくられた。この繊維は，石油の熱分解によって得られるエチレンを重合してつくられ，すでに述べたように次の3種の方法がある。

	反応圧力	反応温度	触媒
高圧法	atm 約1500	℃ 約200	酸素 0.01%
中圧法	20～110	150～260	Cr_2O_3, SiO_2-Al_2O_3 MoO_2-Al_2O_3
低圧法	5～10	60～80	$TiCl_4$-$Al(C_2H_5)_3$

ポリエチレン繊維は中圧法または低圧法によってつくられる。イギリスのクールレン (Courlene)，アメリカのマーレックス (Marlex)，リーボン (Reevon)，ワイネン (Wynene)，日本のパイレン (Pylen) などの商品がある。ポリエチレンは一般に溶媒に溶けないから，溶融紡糸法によって繊維とされる。融点(125～135℃)以上に加熱したとき，ポリエチレンの粘度が高いため，押出機によってノズルから押し出しフィラメントとする。押し出された糸は，30～50℃の冷水槽で冷却したのち，ローラおよび95～98℃の熱湯槽を通して7～10倍の長さまで延き伸ばす。最後に熱処理によって繊維を安定化したのち巻き取る。

ポリエチレン繊維の性質としては，比重が0.94～0.96と軽く水に浮き，強度が大で吸湿性がないため，ぬれても強さが変わらないこと。軟化点は100～115℃で合成繊維中最も低いこと。また低温にも強く，-40℃以下になっても，ほとんどその性質は変わらないこと。発煙硫酸，発煙硝酸を除いて酸には強く，またアルカリにもほとんど侵されないこと。60℃以下ではすべての溶剤に不溶であり，ベンゼン，キシレン，ベンジン，四塩化炭素などには高温で膨潤すること。電気絶縁性が大きく，そのため帯電傷害がおきやすいこと。日光に長時間照射しても強度低下はほとんどなく，虫，かび，細菌などにも抵抗力が大きいこと。また染色性はよくないので，ほとんどの染料に染まらないことなどがあげられる。

ポリエチレン繊維の用途は，非常に強い繊維で，軽く，摩耗に強いので工業用繊維として用いられる。たとえば，漁網，ロープ，各種ひも類，包装材，インテリア素材，土木資材，防虫綱，袋類などに用いられる。

[ii]　ポリプロピレン繊維

　これはポリプロピレンの中でも，立体規則性ポリマーであるアイソタクチックポリプロピレンが繊維として用いられる。この繊維はポリエチレン繊維と同様に溶融紡糸法によってつくられる。

　ポリプロピレン繊維の性質は，比重が0.9と繊維中で最も軽く，強度もきわめて大きく，ナイロンと同等

またはそれ以上である。そして原料であるプロピレンも安価で，発表当時は「夢の繊維」といわれたほどであった。しかし，耐光性，染色性が悪く，軟化点が低いので衣料繊維としては伸びなやみ，他の繊維と混紡，交織して，トレーニングパンツ，パジャマ，靴下，スポーツシャツ，水着，かさ地，外衣等に用いられるようになった。また，耐薬品性，強度，耐摩耗性，弾性などが大きいので産業用として，漁網，ロープ，各種ブラシ，コンベアベルト，沪布，耐酸・耐アルカリ作業服に用いられる。

6. ポリ塩化ビニル繊維

ポリ塩化ビニルは，塩化ビニル $CH_2=CH-Cl$ を原料モノマーとしてつくられる。その塩化ビニルはアセチレンに塩化水素を付加させてつくられていた。

$$CH \equiv CH + HCl \longrightarrow CH_2=CH-Cl$$

しかし，現在ではそのほとんどがエチレンと塩素からつくられている。すなわち，エチレンに $FeCl_3$ を触媒として30〜50℃で塩素を付加させて二塩化エチレン（1, 2-ジクロロエタン）をつくり，これを高温で圧力をかけて熱分解して塩化ビニルをつくるのである。

$$CH_2=CH_2 + Cl_2 \xrightarrow[FeCl_3]{30\sim50℃} \underset{\underset{Cl}{|}\ \ \underset{Cl}{|}}{CH_2-CH_2}$$

$$\xrightarrow[\substack{480\sim510℃ \\ 3\sim7\,atm}]{軽石またはC} \underset{\underset{Cl}{|}}{CH_2=CH} + HCl$$

また，二塩化エチレンをメタノール中，NaOH とともに60℃で反応させて塩化ビニルをつくることもできる。

$$\underset{\underset{Cl}{|}\ \ \underset{Cl}{|}}{CH_2-CH_2} \xrightarrow[NaOH\ \ 60℃]{メタノール中} \underset{\underset{Cl}{|}}{CH_2=CH} + NaCl + H_2O$$

また最近では，エチレンから二塩化エチレンを経ないで，直接，エチレン，塩酸，酸素の混合物より塩化銅（I）を触媒として塩化ビニルを得ている。

$$CH_2=CH_2 + HCl + \frac{1}{2}O_2 \xrightarrow{Cu_2Cl_2} \underset{\underset{Cl}{|}}{CH_2=CH} + H_2O$$

このようにして得られた塩化ビニル（VC）の沸点は−14℃，融点は−160℃で，常温では気体である。これを重合させるには，ポリエチレンのように高圧や特殊な触媒は必要でなく，比較的低い圧力で過酸化物，たとえば過酸化ベンゾイル，過酸化ラウロイル等を触媒として重合させる。ポリ塩化ビニルは白色の粉末として得られる。

$$n\,\underset{\underset{Cl}{|}}{CH_2=CH} \longrightarrow \left[\underset{\underset{Cl}{|}}{-CH_2-CH-} \right]_n$$

このポリ塩化ビニル（PVC）をアセトン・ベンゼン混合溶剤，またはアセトン・二硫化炭素混合溶剤に溶かし，これをオートクレーブ（加圧釜）の中で加圧下に

75℃に加熱して溶融し，紡糸口金から押し出して紡糸し，120℃に加熱して溶剤を蒸発させて繊維にする。

ポリ塩化ビニル繊維の性質は，比重は1.39でこれは羊毛に近い。水は全く吸収しないので，水につけても強さは変わらないこと。耐熱性が悪く，70℃で収縮しはじめ，110℃で軟化すること。耐酸，耐アルカリ性は繊維中最大で，溶剤にも安定であるが，ケトン類，テトラヒドロフランに溶けること。耐燃性，耐薬品性であるが，染色性はよくないことなどがあげられる。その用途としては，軟化点が低く，染色性がよくないので，肌着，ネグリジェとして用いられるが，一般に衣料に使用するのはむづかしい。そこで産業用として，ベルト，電線被覆，ホースなどの補強繊維として用いられる。また梱包用資材，ロープ，漁網，沪過布などにも使われる。またインテリア関係では，椅子の張り布，カーテン，敷物や畳のヘリ地に用いられる。

7. ポリ塩化ビニリデン繊維

モノマーの塩化ビニリデン $CH_2=CCl_2$ は，沸点32℃の無色透明な液体で，重合しやすいことは古くから知られていた。これは塩化ビニルを塩素化してトリクロロエタンにし，これに $Ca(OH)_2$ を用いて脱 HCl をしてつくられる。

$$\underset{\underset{Cl}{|}}{CH_2=CH} \xrightarrow{Cl_2} \underset{\underset{Cl}{|}\ \ \underset{Cl}{|}}{CH_2-C-H} \xrightarrow[Ca(OH)_2]{-HCl} \underset{\underset{Cl}{|}}{CH_2=C}$$

塩化ビニル　　トリクロロエタン　　　塩化ビニリデン

塩化ビニリデンを懸濁重合させて，ポリ塩化ビニリデンが得られるが，これは軟化点が高く，加工性が悪いので塩化ビニルなどの他のモノマーと一緒に重合させる。このように2種以上のモノマーを同時に重合させることを **共重合** copolymerization といい，生成した重合体を **共重合体** または **コポリマー** copolymer という。

塩化ビニリデンと塩化ビニルを共重合させたコポリマーは溶融点が下がり，加工性がよくなる。この両ポリマーの共重合は，懸濁重合法が用いられる。すなわち過酸化ベンゾイルなどの油溶性触媒を加え，60℃でかきまぜながら重合する。得られたコポリマーは脱水，乾燥後，粒状とされる。

$$n\,\underset{\underset{Cl}{|}}{\overset{\overset{Cl}{|}}{CH_2=C}} + n\,\underset{\underset{Cl}{|}}{CH_2=CH} \longrightarrow$$

$$\left(\underset{\underset{Cl}{|}\ \ \ \ \underset{Cl}{|}}{\overset{\overset{Cl}{|}}{-CH_2-C-CH_2-CH-}} \right)_n$$

生成したコポリマーは，約170℃で加熱溶融され，押し出し，水で急冷した後，延伸して繊維とする。

性質としては，合成繊維の中で耐薬品性が最も大きく，吸湿性がなく，摩擦により帯電傷害を起こすこと。

比重は1.7で重い繊維である。燃えにくく，耐候性にすぐれ，また海水に強いこと。耐酸性，耐アルカリ性であるが染色性がよくないこと。有機溶媒にも溶けにくく，虫，かび，微生物などに侵されないことなどがあげられる。

用途としては，他の繊維と混紡し，学生服，毛布，作業服に用いられる。その他，漁網，防虫網，カーシート，ブラシ，テントなどに使用される。

8. ポリウレタン繊維

ポリウレタンは，構造単位がウレタン基 $-NH-C-O-$
                                            $\overset{\|}{O}$
を形成しながら繰り返し結合しているポリマーである。一般にジイソシアナートとグリコール類との重付加反応により合成される。

$$n\ OCN-R-NCO + n\ HO-R'-OH$$
　　ジイソシアナート　　　　グリコール

$$\longrightarrow \left[-OCHNRNHCOOR'O- \right]_n$$
　　　　　　　ポリウレタン

ポリウレタンは，溶液から湿式法または乾式紡糸法などによって製造され，加熱溶融して繊維にする。ポリウレタン繊維の性質は，何といってもゴムのように弾性に富む繊維で，その強度は天然ゴムの2〜3倍大きく，比重は1〜1.3で軽く，きわめてやわらかい繊維であることが特色であろう。また水につけても強度の低下はなく，耐摩耗性，耐光性が大きいため，ゴムのように老化する欠点がないこと。酸には強いが，アルカリにはやや弱い，ドライクリーニング溶剤には抵抗性があり，虫，かび，細菌などに侵されないこと，染色性はよいことなどがあげられる。

その用途は，伸縮性がきわめて大きいため，これを適当に抑えて使用する。衣料用として，スキー服，海水着，トレーニングパンツ，サポーター，セーター，伸縮性の大きいスラックス，婦人下着類などに用いる。また家庭用品として，伸縮性ほうたい，ゴムひもなどに用いられる。

9. 無機性繊維

無機性繊維は有機性繊維にくらべると量的には，はるかに少なく，ふつう繊維といえば有機系を意味するといってよい。無機性の天然繊維としては，石綿（アスベスト）があるが，他は人造繊維である。

構成物質で分類すると，ケイ酸塩繊維，炭素繊維，金属繊維が主なものであるが，その他シリカ，セラミック，カオリン，ボーキサイト，ホウ素繊維などがある。

[i] ガラス繊維

ガラスを加熱して溶かしたことがある人なら，ガラス繊維が簡単にできることを知っているだろう。すなわち，溶けたガラスをなんらかの方法で急速に引き伸ばしながら冷却すれば，ガラス繊維ができる。たとえば，ガラス棒の一部を加熱して溶かし，両端を勢いよく引張って繊維にしてもよいし，溶けたガラスの中に針金を入れて，勢いよく引き出してもできる。このようにガラス繊維は簡単につくれるので，すでに古代エジプト時代からつくられていたといわれている。

少量のガラス繊維をつくるにはこれでよいが，大量生産となると技術的に困難である。工業的にガラス繊維がつくられるようになったのは20世紀になってからである。第1次世界大戦のとき，ドイツは石綿の不足をガラス繊維で補なう工夫をした。1910年代にドイツではガラスを溶融し，るつぼの底に穴をあけてガラスを引き出し，ドラムに巻き取る方法が考案された。これがガラス長繊維工業の出発点である。一方1934年，アメリカでは，溶融ガラスを高圧蒸気で吹き飛ばす方法が考案された。これがガラス短繊維の出発点である。日本では，1930年後半から軍需用としてガラス繊維の生産が始まった。ガラス繊維は原料として，けい砂，石灰石，苦灰石，蛍石などの天然岩石と，水酸化アルミニウム，ホウ砂，ホウ酸，炭酸ナトリウムなどの化学薬品とを調合してつくられる。ガラス繊維の製造工程を次に示す。

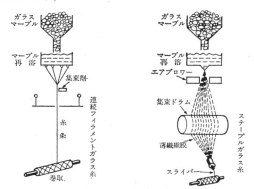

直径約2cmの球状のガラスマーブルを溶融し，溶融紡糸により繊維化してフィラメントやステープルをつくる。紡糸の方法は長繊維と短繊維とでは異なる。

長繊維は連続繊維で，一般の有機質の繊維と同等に扱われ，糸，織物，紙などの状態にすることができる。短繊維は数cmから数十cmの短いガラス繊維で，これを集めて綿状にして使うのが一般的である。ガラス繊維の性質は，比重が2.4〜2.7で他の繊維に比べて著しく大きいこと。また引張強度も有機繊維に比べてきわめて大きいこと。極めてもろく，摩擦と屈曲に弱いこと。耐熱性にすぐれ，熱を導きにくいので，保温や断熱性が大きいこと。化学的に安定であるが，濃いアルカリ，濃いリン酸やフッ化水素には侵されること。また不燃性で，吸湿せず，しわになりにくく，防音性があることなどがあげられる。

用途として，長繊維は電気絶縁材，強化プラスチッ

ク用基剤，熱可塑性樹脂やゴムとの複合材，工業用沪過材，カーテンなどの家庭用品に用いられる。また短繊維は，保温，断熱，防音材，蓄電池の隔離板，腐食性薬液の沪過材料，またスポーツ関係では，スキー，ボート，サーフボード，ボーリング用品に用いられる。

とくに最近，急速に注目され開発されたものに**光学繊維**，すなわち**光ファイバー**がある。光を通す繊維である光ファイバーは，すでに1960年代に損失の大きいものではあるが実用化されており，イメージガイドなどに利用されていた。しかし，1970年代になって，半導体レーザーの連続波発振の実現やテレビ電話の実用化という夢にのって光の損失の少ない光ファイバーの開発競争が始まり，飛躍的な発展をとげた。とくにエレクトロニクス関係，電線メーカーが研究開発に力を入れた。これは半導体工業の発達によって高純度のケイ素 Si が得られるようになったため，低損失光ファイバーの原料である四塩化ケイ素 $SiCl_4$ が高純度で簡単に得られるようになったからである。

光ファイバーは，コアと呼ばれる屈折率の大きい繊維を屈折率の低い（0.2～1％程度低い）クラッドと呼ばれる部分で被覆した構造を有するガラス繊維である。

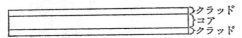

高い屈折率をもつコア，すなわち芯のまわりに低い屈折率もつクラッド（鞘）でまいたものである（上図参照）。1本の繊維の太さは数十ミクロンから数千ミクロンであり，繊維の一方から入射した光は，高屈折率のコアと低屈折率のクラッドの境界で完全反射しながらコアの中を伝わっていく。

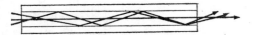

また，コアの中心部の屈折率を最も高くし，クラッドに向って径の距離の2乗に比例して連続的に屈折率を低くするグレーディド・インデックス略して GI 型の光ファイバーもあり，光は次に示すようにコアの中を曲線を描きながら伝わっていくものもある。

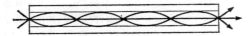

光ファイバーは，次の図に示すようにコアの部分をクラッドでまくようにしてつくられる。

光ファイバーの特徴は，金属線に比べて，細くて，軽いこと。また電気絶縁，耐化学性，耐熱性，低損失，広帯域性，無誘導性などがあげられ，多方面に用いられるようになってきた。ライトガイドとして狭い空間を通してその部分を照明できるので，用途としては人

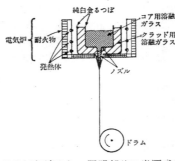

体の内視鏡用の照明，遠隔照明として，レコード針光照明，自動車などの部分照明に用いられる。また1つの光源から光がいくつにも分けて伝達され，照明部分に光源がないから安全性が高い。次にファイバースコープとして医療用内視鏡として広く使用されているほか，検査などに使用する工業用内視鏡，測定機器，工作機械などにも用いられている。光ファイバーセンサーとし光伝送体として物体の位置，運動方向を検出したり，マークセンサーのように反射光の濃淡を判断したりする。また，光ファイバーケーブルとし，レーザーとの組合せにより，通信分野に革命をおこしている。すなわち，電気的信号をレーザーの信号に変えて，光ファイバーケーブルで伝送し，そこで再び電気信号に変換する。このようにして低損失，広帯域で1本の光ファイバーで電話チャンネルで6000チャンネルに相当する情報が送ることができる。また，無誘導であるから，大電流が光ファイバーの近くを流れても電磁誘導の影響を受けないため，ノイズ（雑音），漏話がおこらないメリットもあり，将来，ますます発展する繊維である。

[ii] 炭素繊維

エジソンがはじめてつくった電球のフィラメントは，京都府乙訓郡八幡の竹を用い，竹の繊維を炭化してつくったことはよく知られている。その後，エジソンは，木綿や麻のようなセルロース繊維を炭化して，丈夫な炭素繊維をつくる方法を発明した。この方法は，1907年タングステンフィラメントが出現するまで用いられた。ところが，この古典的な繊維が再び脚光を浴びるようになったのは，宇宙開発のためであった。すなわち，高温に耐え，ガラス繊維より高強度，高弾性である炭素繊維（カーボン・ファイバー）が要求されるようになったのである。

炭素繊維は，有機繊維を窒素気流などの不活性ガス中で高温で熱処理し炭化してつくる。熱処理する温度に応じて，耐熱質（黒化繊維），炭素質（炭素繊維），黒鉛質（黒鉛繊維）などに分類することができる。

種　類	焼成温度	炭素含有％
耐 熱 質	200～500℃	60～90
炭 素 質	800～1200℃	90～98
黒 鉛 質	2500～3000℃	98～100

また，使用する有機繊維の種類によってセルロース系，アクリル系，ビニロン系などに分類される。

（a）セルロース系

レーヨンなどを原料とし，塩化アルミニウム，リン酸アンモニウム，塩化水素などの脱水炭化剤を用い，500〜600℃で焼成してつくり，高強度，高配向度，高弾性率のものは，2000℃以上の高温度で延伸すると得られる。

（b）アクリル系

ポリアクリロニトリルを主成分とする繊維を200℃付近で長時間加熱し予備酸化する。このとき次のような変化がおこって，繊維は黒かっ色になる。

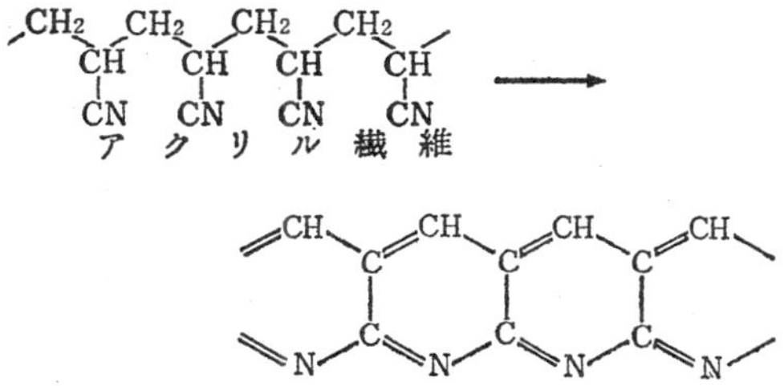

次に窒素気流中で800〜1000℃まで徐々に温度を上げて，更に炭化してつくられる。

（c）ビニロン系

ビニロンを塩化水素ガス中で200〜300℃に加熱すると次の反応がおこって，水分子が脱離する。

$$\left[\begin{array}{c}-CH_2-CH-\\ \quad\quad OH\end{array}\right]_n \xrightarrow{\text{脱水}} \left[-CH=CH-\right]_n + n\,H_2O$$

次に200℃付近の空気中で予備酸化してから，塩化水素または窒素ガス中で約1000℃に焼成炭化する。

（d）石油ピッチ系

ピッチを溶融紡糸して繊維をつくり，これを加熱酸化した後，不活性ガス中で，セルロース系やアクリル系などと同様に処理して炭化する。

炭素繊維の性質は，比重が1.5〜2.0で他の無機繊維に比べて軽い。強度が大きく伸度が小さく弾性率がとくに大きいものがある。耐熱性が大きく，空気に触れなければ2500℃にも耐える。化学薬品にも侵されない。また電気伝導性があり，不燃性であることがあげられる。

その用途は，断熱材，沪過材，航空機やロケット用軽量強構造材料，プラスチック強化材，耐熱性パッキング，電導性の紙，ゴルフのクラブのシャフト，ラケット，オールなどや，不燃性の衣料やインテリア用品などに用いられる。

理科系特別単科ゼミ 化学

有機高分子化合物(6)
——合成樹脂〈その1〉——

明治薬科大講師・代々木ゼミナール講師・中央ゼミナール講師
大西　憲昇

合成樹脂

合成樹脂（synthetic resin）は**プラスチック**ともいわれる。その名前の由来は，アメリカのベークランド（Backeland 1863 11/14～1944 2/23）によってフェノール（石炭酸）とホルムアルデヒドよりつくられたベークライト（bakelite）が松脂（天然樹脂の1つ）によく似ていたからである。

プラスチック（plastic）という言葉は形容詞で，名詞はプラスチックス（plastics）であるが，我が国ではプラスチックが名詞として用いられている。プラスチックとはラテン語の plasticus からきていて，これは形をつくることができるものという意味である。

人類は，昔は土を水とまぜて，練って，適当な固さにして形をつくり，それを焼いて土器をつくった。また金属をそのままたたいたり，また焼いて柔かくして色々な形のものをつくった。このように「形をつくる」ということが，陶磁器の製造，金属の加工などによって行われ，その技術が長い間伝えられ，やがてそれがプラスチックの時代へと発展してきたのである。プラスチックはまた**可塑物**ともいわれる。この塑という語は形を整えるという意味をもっている。そこでプラスチックとは有機高分子物質で，可塑性をもち，成形できる物質で，その原料（材料）またはその製品をいい，合成繊維と合成ゴムを除くものといわれている。そこで，プラスチックの性質を陶磁器および金属と比較してみよう。

(i)　比重

プラスチックが最も軽く，ポリエチレンは水より軽く比重が0.92程度，重くてもポリ四フッ化エチレンの比重2.2ほどである。陶磁器は中間で2.2～5.3程度，金属は最も重く1.74～22程度である。

(ii)　機械的な強さ

プラスチックは軽くてやわらかいから，引張り強さ，曲げ強さ，圧縮に対する強さ，固さなどの値は，いずれも金属材料に比較して弱く，また伸びが大きい。陶磁器はプラスチックと金属の中間にあると考えてよい。しかし圧縮強さと，かたさは圧倒的に強く，この3種の中では最大である。しかしガラス繊維で強化したプラスチックは，鋼鉄の強さを越すような強力なものが現われてきた。

(iii)　熱的性質

有機高分子物質は，熱の絶縁体で熱に弱い。熱伝導率は金属の1/100～1/1000で，陶磁器の1/10～1/20程度である。プラスチックのうち熱に強いものでも275℃程度で，金属，陶磁器に比較して最も弱い。

(iv)　電気絶縁性

プラスチックは電気絶縁性では優れている。また高周波に対する絶縁性もよい。しかし，吸水しやすく，そのため絶縁性が悪くなることがある。

(v)　耐薬品

陶磁器が最も強く，プラスチックや金属は種類によって非常に差がある。

合成樹脂の分類

合成樹脂は，熱を加えたときの状態の変化の模様により次のように分類される。

熱可塑性樹脂
- 石油系樹脂
  - ポリエチレン
  - ポリプロピレン
  - ポリブテン
- ビニル樹脂
  - ポリ塩化ビニル
  - ポリ酢酸ビニル
  - ポリ塩化ビニリデン
- アセタール樹脂
  - ホルマール樹脂
  - ブチラール樹脂
- アクリル樹脂
  - アクリル樹脂
  - メタアクリル樹脂
  - ポリアクリロニトリル

スチレン樹脂 { ポリスチロール / ＡＢＳ樹脂 / ＡＳ樹脂

ポリアミド樹脂

熱硬化性樹脂 { フェノール樹脂 / 尿 素 樹 脂 / メラミン樹脂 / ポリエステル樹脂 / ポリウレタン / エポキシ樹脂

熱可塑性樹脂 (thermoplastic resin) は，加熱すれば，やわらかくなって成型できるようになる。冷却すれば再び固くなる樹脂で，その分子は一般に**糸状**である。また熱に対して弱く，分子量が大きくなるほど耐熱性がよくなる。有機溶剤に溶けるが，分子量が大きくなるとともに溶けにくくなる。不飽和結合の重合によって得られる樹脂はほとんどこれに属し，縮重合型の樹脂の一部も熱可塑性である。

熱硬化性樹脂 (thermosetting resin) は，加熱によっていったん軟化する（初めは低分子）が，加熱を続けると，重合が進み次第に硬くなり，その後温度を上げても軟化せず，もとへもどらない。その分子は**三次元的な網目構造**をもち，分子量も大きく，有機溶媒に不溶で，密度も大きく，硬く，弾性は小さくてもろい。耐熱，耐燃性で，縮重合型の樹脂の大部分がこれに属する。

熱可塑性樹脂の分子の形は糸状で，加熱すると分子の運動が盛んになって動きまわって軟化する。ところが熱硬化性樹脂に分子が網の目のようにガッチリ結合しているため，温度を上げるとますます重合が進み，その結果，分子は動けなくなる。そして非常に温度を上げると網の目が切れて分解して燃える。

次に主な合成樹脂について述べよう。

1. ポリエチレン

ポリエチレンは，石油を熱分解（クラッキング）して得られるエチレンをモノマーとし，これを付加重合してつくられる。その重合法には，高圧法，中圧法，低圧法があるということは既に述べた。

エチレン重合法の基本方式

	反応圧力	反応温度	触　　媒
高圧法	atm 約1500	℃ 約200	酸素　0.01％
中圧法	20～110	150～260	Cr_2O_3, SiO_2—Al_2O_3 MoO_2—$Al(C_2H_5)_3$
低圧法	5～10	60～80	$TiCl_4$—$Al(C_2H_5)_3$

$$n\text{CH}_2\text{=CH}_2 \xrightarrow{\text{重合}} \cdots\cdots\text{-CH}_2\text{-CH}_2\text{-CH}_2\text{-CH}_2\text{-CH}_2\text{-}\cdots\cdots$$

エチレン　　　　　　　　　　ポリエチレン

（ｉ）　高圧ポリエチレン

エチレンを 1000～2000 atm，200℃で少量の酸素を触媒として重合させたもので，比重が約0.92で軽く，**低密度ポリエチレン**ともいわれる。ポリエチレンは無毒，無味，無臭で，酸にもアルカリにも侵されない。またフッ化水素にも反応しない。石油類にあうと多少膨潤する。吸水性はほとんどない。低密度ポリエチレンは軽く，結晶化度が小さいので透明度がよい。また強度は高密度ポリエチレンに比べて小さく伸びも大きく柔らかいので，**軟質ポリエチレン**といわれる。他のプラスチックに比べて水を透過しにくく，酸素や二酸化炭素の透過性がよいので，生鮮食料品の保存や農業用フィルムに好適であるので広く用いられている。また，フィルム状にしたものは熱で接着が簡単にできるから，各種の包装用や袋に多量に用いられたり，びんや容器の原料にもなる。電気絶縁性が湿気の多い場所でもよいので電線被覆にも利用される。

（ｉｉ）　低圧および中圧ポリエチレン

低圧ポリエチレンは，チーグラー触媒を用い 1～6 atm，60～80℃ の低温，低圧で重合させたもので，比重は0.92～0.94である。中圧ポリエチレンは，酸化クロム系の触媒を用いて30～40 atm，90～150℃ の比較的低温低圧で重合させたもので，比重は0.94～0.96である。低圧ポリエチレンも中圧ポリエチレンも固く，密度も大きいので，**硬質ポリエチレン**または**高密度ポリエチレン**ともいう。色は乳白色で，軟化温度が高く，強度が大で伸びも小さいので，フィルム，押出し成形品，射出成形品などとして利用される。とくにびん類やびんを入れる容器，パイプ，棒，家庭用品としてバケツ，食器，箱等の硬質成形品に広く用いられている。また繊維として用いられることは既に述べた。

2. ポリプロピレン

プロピレンは石油の製油所ガスより得られる。またプロパンの熱分解や軽質油や重質油の熱分解によって得られる。このプロピレンをチーグラー・ナッタ触媒を用い，n-ヘプタン中，20～100℃，2～30 atm の条件下で付加重合して得られる。

$$n\text{CH}_2\text{=CH} \xrightarrow{\text{重合}} \left(\text{-CH}_2\text{-CH-}\right)_n$$
$$\quad\quad\text{CH}_3 \quad\quad\quad\quad\quad \text{CH}_3$$

このようにして得られるポリプロピレンは，アイソタクチックポリマーで，無色透明で分子量が 80,000～100,000，比重が 0.90～0.91 でプラスチックの中で最も小さい。機械的性質はポリエチレンやポリスチレンより優れており，強じんで，衝撃にも強く，剛性にも優れている。したがって表面強度が大きいので，成形品に傷がつきにくく，表面光沢がある。また，ほかのプラスチックに比べて融点が160～170℃と高いのも特長で，140℃ を越してはじめて軟化するので耐熱性で

ある。また耐薬品性，耐油性，耐応力，亀裂性も優れている。電気的にも絶縁性，耐アーク性にすぐれているので電気機器部品として用いられている。また，折り曲げに対する強度が大きいので，ちょうつがいとしてパッケージや容器のふたと本体を連結させることができる。用途としては，フィルムが最も多く，耐熱パイプ，電線用絶縁物，電気器具，びん，容器その他の家庭用品，耐熱容器，耐熱耐薬品用装置，包装材料として用いられる。また繊維としては衣料用，ロープ，漁網，ブラシなどに用いられるが，欠点は染色がむづかしいことである。

3. ポリブテン

これは，1-ブテン $CH_2=CH-CH_2-CH_3$ をチーグラー・ナッタ触媒を用いて付加重合させたもので，$n=1000\sim3000$ である。

$$nCH_2=CH \xrightarrow{\text{重合}} (-CH_2-CH-)_n$$
$$\quad\;\; |C_2H_5 \qquad\qquad\;\; |C_2H_5$$

ポリブテンは融点130〜140℃，密度0.92でアイソタクチックな分子構造をもち，強じんで，対応力，耐亀裂性がよい。また引裂強度も大きく，分子量は60,000 160,000で −70℃ でも脆化しない。ケーブル絶縁体に利用される。

4. ポリ塩化ビニル

モノマーである塩化ビニル $CH_2=CH-Cl$ は，かつてアセチレンに HCl を付加させてつくられていた。

$$CH\equiv CH+HCl \longrightarrow CH_2=CH-Cl$$

これには次に示すように気相法と液相法がある。

（i） 気 相 法

$$CH\equiv CH+HCl \xrightarrow{\text{触媒}(HgCl_2)} CH_2=CH-Cl$$
アセチレン　塩化水素ガス　　　　　　塩化ビニル

（ii） 液 相 法

$$CH\equiv CH+HCl \xrightarrow[80℃]{\text{触媒}\;Cu_2Cl_2+NH_4Cl} CH_2=CH-Cl$$
アセチレン　　塩酸　　　　　　　　　塩化ビニル

アセチレンも，カルシウムカーバイド CaC_2 に水を作用させてつくられていた。日本はカルシウムカーバイドの原料となる石灰石（$CaCO_3$）を多量に産出するし，石炭や水力発電による電力も比較的豊かであったので，古くからこの方法でアセチレンがつくられていた。

$$CaCO_3+4C \xrightarrow{\text{電気炉}} CaC_2 + 3CO$$
（石灰石）（石炭）　カルシウム・カーバイド
$$CaC_2+H_2O \longrightarrow C_2H_2+Ca(OH)_2$$

しかし，石油化学の隆盛により，アセチレン化学はエチレン化学へと変わっていった。すなわち，石油より得られるエチレンよりアセチレンがつくられたり，また天然ガスの主成分メタンよりアセチレンが合成され

るようになったのである。

$$CH_2=CH_2 \xrightarrow{\text{高温}} CH\equiv CH+H_2$$
$$2CH_4 \xrightarrow{\text{高温}} CH\equiv CH+3H_2$$

一方，塩化ビニルもエチレンガスを原料にして次に示す EDC 法でつくられるようになった。

$$CH_2=CH_2+Cl_2 \xrightarrow{\text{付加}} CH_2-CH_2$$
$$\qquad\qquad\qquad\qquad\quad |Cl \quad\; |Cl$$
二塩化エチレン

$$CH_2-CH_2 \xrightarrow[\substack{3\sim7\,atm\\ \text{触媒}(C)}]{500℃} CH_2=CH+HCl$$
$$|Cl \;\; |Cl \qquad\qquad\qquad\qquad |Cl$$
塩化ビニル

すなわち，二塩化エチレン(ethylene dichloride EDC)を経るので EDC 法という。アセチレンより合成するときは，水素と塩素とから塩化水素をつくり，これをアセチレンに付加させるのである。塩素は塩化ナトリウムの電解で得られる。ところが EDC 法では塩素をそのまま利用でき，また，塩化ビニルと共に生じる HCl はアセチレンに作用させ塩化ビニルにすることができる。そしてこのときのアセチレンも石油のクラッキングによってつくられている。また，EDC 分解で副生した HCl を酸素と銅塩触媒（Cu_2Cl_2）を用い，550℃ で塩素ガスと水にすることも行われている。

$$4HCl+O_2 \longrightarrow 2Cl_2+2H_2O$$

塩化ビニルの重合は，ポリエチレンの場合のように超高圧や特殊な触媒は必要でなく，比較的低い圧力で過酸化物触媒を用いて行われる。ポリ塩化ビニル(PVC) は白色の粉末でそのままでは用途がない。そこで配合剤を加えて加熱してゲル化し，はじめてプラスチックすなわち可塑物になる。可塑剤を少量混入したものは固く，多く混ぜたものは柔軟性をもっている。ポリ塩化ビニルの粉末は無臭，難燃性，耐薬品性で電気絶縁性が比較的よく有機溶剤にも溶けにくい。加熱すると，170℃ 付近から熱分解をおこし塩化水素が放出される。

$$\begin{array}{c}\ce{/CH_2\diagdown CH/CH_2\diagdown CH/CH_2\diagdown CH} \quad \xrightarrow[170℃]{-HCl}\\ | \qquad\quad | \qquad\quad |\\ Cl \qquad\;\; Cl \qquad\;\; Cl\end{array}$$

$$\ce{/CH\diagdown CH/CH\diagdown CH/CH\diagdown CH}$$
ポリエン

ポリ塩化ビニルの用途は広い。フィルムやシートとして，苗床・ハウスなどの農園芸用に，雨具，ふろしき，カーテン，包装用，ハンドバッグ，カバン，はき物，テープ，敷物，壁張，椅子張などに用いられる。板状にしたものは，タイル，ガラス代用品，波板，壁板にまた絶縁板，レコード盤，ベルト，箱などに用いられる。チューブ状にして，水道用のパイプ，電気配管，電線被覆や雨どいなどに用いられ，また繊維として漁網，防虫網，ロープ，手芸用チューブ，糸コシ布など

に用いられる。成型品としては，玩具，文具，装身具，ラジオ，テレビ等の電気製品の部品，食品容器，ブラシの柄，その他雑貨に広く用いられている。発泡剤を入れてつくった発泡品としては，椅子，ベッド，枕，座席などのクッション材など，また，冷蔵庫，冷暖房用の断熱剤として，また防音剤や包装用などに用いられている。

5. ポリ酢酸ビニル

モノマーである酢酸ビニルは，アセチレンに酢酸を付加させてつくる。これには次の方法がある。

（i）気相法

アセチレンと酢酸の蒸気を200～230℃で加熱管に通す。そのとき，酢酸カドミウムまたは酢酸亜鉛が触媒として用いられる。

$$CH \equiv CH + CH_3COOH \xrightarrow[\substack{\text{または酢酸亜鉛} \\ 200 \sim 230℃}]{\text{C＋酢酸カドミウム}} \underset{\substack{| \\ OOCCH_3}}{CH_2=CH}$$

（ii）液相法

氷酢酸中へアセチレンを通じる。触媒として HgO＋CH_3COOH＋アセチル硫酸が用いられる。

$$CH \equiv CH + CH_3COOH \xrightarrow[(CH_3COO \cdot SO_3)_2Hg]{70℃} \underset{\substack{| \\ OOCCH_3}}{CH_2=CH}$$

また，現在では石油分解物より得られるエチレンから酢酸ビニルがつくられる。

$$CH_2=CH_2 + CH_3COOH + \frac{1}{2}O_2 \longrightarrow \underset{\substack{| \\ OOCCH_3}}{CH_2=CH} + H_2O$$

酢酸ビニルは，甘いにおいのある無色の液体で，融点－84℃，沸点73℃である。酢酸ビニルの重合は，メタノールを溶剤とし，過酸化ベンゾイルを触媒にし60～80℃に加熱して行われる。

$$n\underset{\substack{| \\ OOCCH_3}}{CH_2=CH} \xrightarrow{\text{重合}} \underset{\substack{| \\ OOCCH_3}}{(-CH_2-CH-)_n}$$

ポリ酢酸ビニルは比重1.17～1.9で，室温で軟化する無色透明，無味無臭の固体である。強酸，強アルカリに侵され，脂肪族炭化水素を除いてほとんどの有機溶剤に溶解または膨潤する。5～20％ のエタノール水溶液によく溶ける。ポリ酢酸ビニルは，耐熱性，耐水性などがよくないため，このままでは成形品や繊維としては用いられない。主な用途は，これを加水分解してポリビニルアルコールとし，これをアセタル化してビニロンとするための原料とする。その他の用途として塗料，接着剤として用いられる。チューインガムも低重合度のポリ酢酸ビニルをもとに可塑剤，甘味剤，香料などを加えて練り合わせたものである。

6. ポリビニルアルコール

ポリビニルアルコールは，ポリ酢酸ビニルをアルカリで加水分解（けん化）して得られる。

$$\underset{\substack{| \\ OOCCH_3}}{(-CH_2-CH-)_n} \xrightarrow{\text{NaOHaq}} \underset{\substack{| \\ OH}}{(-CH_2-CH-)_n} + nCH_3COONa$$

また，希硫酸で加水分解することもある。

$$\underset{\substack{| \\ OOCCH_3}}{(-CH_2-CH-)_n} \xrightarrow{\text{希}H_2SO_4} \underset{\substack{| \\ OH}}{(-CH_2-CH-)_n} + nCH_3COOH$$

ポリビニルアルコールは通常ポバールともよばれ，白色または微黄色の粉末である。その比重1.21～1.31で有機溶剤には不溶であるが，酸またはアルカリに侵される。分子中に －OH を多く含むため，水に可溶である。耐熱性（140℃），耐候性に富んでいる。ポリビニルアルコールの大部分は，既に述べたように，アセタール化してビニロンの原料になるが，残りは紙のサイジング，乳化剤，水性塗料に用いられる。また繊維加工用の糊材として使用すると摩擦に対する強度が大きく，接着力も大きく，カビがはえる心配がない。土壌に混ぜると雨がふっても余分の水分が吸収されないし，晴天が続いても適度の湿りを保つので，畑，道路，グランドに使用することがある。また，ポリビニルアルコールの約10％の水溶液を金属の面に流して加熱すると水分が蒸発して金属の表面をおおい，耐水性はないが，じょうぶで透明で光沢がある。また印刷がよくできるので洗剤の袋などに用いられる。

7. ポリ塩化ビニリデン

モノマーの塩化ビニリデンは，エチレンまたはアセチレンを原料として，トリクロロエタンをつくり，それを NaOH または Ca(OH)_2 の存在で90℃に加熱し脱 HCl を行ってつくられる。

$$CH_2=CH_2 \xrightarrow[\text{付加}]{Cl_2} \underset{\substack{| \quad | \\ Cl \quad Cl}}{CH_2-CH_2} \xrightarrow[\text{置換}]{Cl_2} \underset{\substack{| \quad | \\ Cl \quad Cl}}{CH_2-CH-Cl}$$

エチレン　　二塩化エチレン　トリクロロエタン

$$CH \equiv CH \xrightarrow{HCl} \underset{\substack{| \\ Cl}}{CH_2=CH} \longrightarrow \underset{\substack{| \quad | \\ Cl \quad Cl}}{CH_2-CH-Cl}$$

アセチレン　　塩化ビニル　　　トリクロロエタン

$$\underset{\substack{| \quad | \\ Cl \quad Cl}}{CH_2-CH-Cl} \xrightarrow[\substack{Ca(OH)_2\text{または} \\ NaOH \\ 90℃}]{-HCl} \underset{\substack{| \\ Cl}}{CH_2=C}$$

トリクロロエタン　　　　　　　塩化ビニリデン

塩化ビニリデンは凝固点 －122.5℃，沸点 31.7℃，比重1.2で，きわめて不安定で酸素に触れると過酸化物をつくり，熱，光，触媒等により重合する。通常，重合は光または過酸化物を触媒にして行われる。

$$n\underset{\substack{| \\ Cl}}{\overset{Cl}{CH_2=C}} \xrightarrow{\text{重合}} \underset{\substack{| \\ Cl}}{\overset{Cl}{(-CH_2-C-)_n}}$$

塩化ビニリデン　ポリ塩化ビニリデン

塩化ビニリデンだけを重合させたものは，軟化点が

高く，加工が困難なので，実用的にはこれに，少量の塩化ビニル，またはアクリロニトリルを共重合させたものが利用される。市販品の性質は比重1.7～1.9，軟化点は140～160℃，透明で光沢がある。また耐湿性にすぐれ，空気や湿気を通過させにくく，耐酸，耐アルカリ性にとみ，有機溶剤には不溶だが，一部の溶剤には溶ける。不燃性で，光に安定である。

　用途は合成繊維（サラン繊維）として，ロープ，漁網，日よけ，カーテン，シート，工業用沪過布，防虫網，椅子張，車両用モケット，ブラインドなどに用いられる。食品，薬品の包装材，電線，ケーブル線の絶縁，硬質パイプに用いられる。また各種容器や鉄管などの防湿用塗布剤，接着剤として使用される。

8. ホルマール樹脂（ポリビニルホルマール）

　既に述べたように，ポリビニルアルコールを酸の存在でホルマリンを用いてアセタール化することをホルマール化といい，その生成物をポリビニルホルマールという。合成繊維であるビニロンがこれに相当するが，一部はプラスチックとして用いられる。

$$\sim -CH_2-CH-CH_2-CH-\sim$$
$$\quad\quad\;| \quad\quad\quad\;|$$
$$\quad\quad OH \quad\quad OH$$
ポリビニルアルコール

$$\xrightarrow[HCl]{HCHO} \sim -CH_2-CH-CH_2-CH-\sim$$
$$\quad\quad\quad\quad\quad\quad\quad | \quad\quad\quad\quad |$$
$$\quad\quad\quad\quad\quad\quad\; O-CH_2-O$$
ポリビニルホルマール

ポリビニルホルマールは白色または淡黄色の粉末で，比重1.2～1.3で，アセタール化の高いものほど小である。軟化点110℃，耐水性，電気絶縁性にすぐれ，耐酸，耐アルカリ性で，通常の有機溶媒には溶けにくい。用途としては，電線被覆や金属のさび止め用の塗料や接着剤に用いられる。

9. ブチラール樹脂（ポリビニルブチラール）

　ポリビニルアルコールをブチロアルデヒドでアセタール化することをブチラールといい，その生成物をポリビニルブチラールまたはブチラール樹脂という。

$$\sim -CH_2-CH-CH_2-CH-\sim \xrightarrow[HCl]{CH_3-CH_2-CH_2-CHO}$$
$$\quad\quad\;| \quad\quad\quad\;|$$
$$\quad\quad OH \quad\quad OH$$
ポリビニルアルコール

$$\sim -CH_2-CH-CH_2-CH-\sim$$
$$\quad\quad\quad | \quad\quad\quad\quad |$$
$$\quad\quad\quad O-CH-O$$
$$\quad\quad\quad\quad\quad\;|$$
$$\quad\quad\quad\quad CH_2-CH_2-CH_3$$
ポリビニルブチラール

ポリビニルブチラールは白色粉末で比重1.1～1.2で，ホルマール樹脂より柔らかく低温でもかたくならない。耐水性で有機溶剤に溶ける。

　用途は，ガラスや金属などとよく密着するのでガラスの中間膜として用いられる。またほかの合成樹脂と混ぜて接着剤や塗料，合成繊維の樹脂加工剤として用いられる。

10. ポリアクリロニトリル

　モノマーであるアクリロニトリルは，アセチレンにシアン化水素を付加させてつくられていた。

$$CH\equiv CH \;+\; HCN \longrightarrow CH_2=CH-CN$$
アセチレン　シアン化水素　　　アクリロニトリル

また，エチレンを酸化してエチレンオキシドを合成し，これにシアン化水素を作用してエチレンシアンヒドリンとし，これを分子内脱水してもつくられる。その他エチレンに次亜塩素酸を付加させてエチレンクロロヒドリンとし，これにアルカリを作用させてエチレンオキシドをつくるか，あるいはエチレンクロロヒドリンにシアン化ナトリウムを作用してエチレンシアノヒドリンにして合成される。

$$CH_2=CH_2 \xrightarrow{HOCl} CH_2-CH_2 \xrightarrow{NaCN} CH_2-CH_2 \xrightarrow{-H_2O} CH_2=CH$$
エチレン　　　　　　| 　| 　　　　　　| 　| 　　　　　　　|
　　　　　　　　　HO Cl 　　　　　HO CN 200~300℃ 　CN
　　　　　　　エチレンクロ　　エチレンシア　　アクリロニト
　　　　　　　ロヒドリン　　　ノヒドリン　　　リル

$$O_2 \quad CH_2-CH_2 \; HCN$$
$$\quad\quad\quad\;\backslash O /$$
エチレンオキシド

　現在では石油の分解で得られるプロピレンを原料とするソハイオ SOHIO 法 (Standard Oil, Ohio, America) が開発され，これに切り換えられている。

$$CH_2=CH-CH_3+NH_3+\frac{3}{2}O_2$$
$$\longrightarrow CH_2=CH-CN+3H_2O$$

このときリンモリブデン酸ビスマスなどが触媒として用いられる。その他，エチレンにシアン化水素と酸素を用いてつくるオキシシアネーション法がある。

$$CH_2=CH_2+HCN+\frac{1}{2}O_2 \xrightarrow[200~450℃]{Pd, HCl} CH_2=CH+H_2O$$
$$\quad\quad\quad\quad\quad\quad\quad\quad\quad\quad\quad\quad\quad\quad\quad\quad | $$
$$\quad\quad\quad\quad\quad\quad\quad\quad\quad\quad\quad\quad\quad\quad\quad CN$$

　アクリロニトリルは特異臭をもつ無色の液体で，融点-83℃，沸点77.3℃で水に少量溶け，有機溶剤に溶け猛毒である。重合は過酸化物と還元剤の存在下で行う。

$$nCH_2=CH \xrightarrow{重合} \left(-CH_2-CH- \right)_n$$
$$\quad\quad\quad |\quad\quad\quad\quad\quad\quad\quad\quad |$$
$$\quad\quad\quad CN \quad\quad\quad\quad\quad\quad\; CN$$
アクリロニトリル　ポリアクリロニトリル

ポリアクリロニトリルは透明で固く，比重1.12～1.18で有機溶媒に難溶，酸には強いが，アルカリには弱い。また加熱すると着色しやすくまた分解するので，単独には成形材料にはならないが他のモノマーと共重合させて用いられることが多い。したがってその用途は，合成繊維，合成ゴム，プラスチックの共重合モノマーとして用いられる。

理科系特別単科ゼミ 化学

有機高分子化合物(7)
—合成樹脂〈その2〉と熱硬化性樹脂—

明治薬科大講師・代々木ゼミナール講師・中央ゼミナール講師
大西 憲昇

11. ポリメタアクリル酸メチル

モノマーのメタアクリル酸メチルの合成法はいろいろ報告されているが、工業的にはアセトンシアンヒドリン法が主として用いられている。

$$CH_3\text{-}CO\text{-}CH_3 + HCN \xrightarrow{\text{アルカリ触媒}} CH_3\text{-}\underset{\underset{CN}{|}}{\overset{\overset{OH}{|}}{C}}\text{-}CH_3$$
アセトン　シアン化水素　　　　　アセトンシアンヒドリン

$$\xrightarrow[\text{脱水}]{H_2SO_4,\ 125℃} CH_2=\underset{\underset{CN}{|}}{C}\text{-}CH_3 \xrightarrow{\text{加水分解}} CH_2=\underset{\underset{COOH}{|}}{C}\text{-}CH_3$$
　　　　　　　メタアクリロニトリル　　　メタアクリル酸

$$\xrightarrow{CH_3OH}_{\text{エステル化}} CH_2=\underset{\underset{COOCH_3}{|}}{C}\text{-}CH_3$$
　　　　　　　メタアクリル酸メチル

メタアクリル酸メチルは沸点101℃、無色揮発性の液体で常温で単独でも重合するから、ハイドロキノンまたはメチルハイドロキノンを微量加えて保存する。メタアクリル酸メチルは過酸化物の存在で重合させる。

$$n\ CH_2=\underset{\underset{COOCH_3}{|}}{\overset{\overset{CH_3}{|}}{C}} \xrightarrow{\text{重合}} \left(\text{-}CH_2\text{-}\underset{\underset{COOCH_3}{|}}{\overset{\overset{CH_3}{|}}{C}}\text{-}\right)_n$$

ポリメタアクリル酸メチルは無色透明のガラス状の物質である。光の透過率は94%、屈折率1.5で透明性、耐候性はプラスチック中で最高である。比重は1.18～1.19でガラスの約1/3で、衝撃に対する強さはガラスの5～10倍に達し、加工しやすいので有機ガラスとして広く用いられている。すなわち、眼鏡、光学レンズ、風防ガラス、板ガラス、装飾品、装身具に用いられるがガラスより傷がつきやすい。軟化点は125℃、耐薬品性がある。その他の用途としては、医療用として義歯床、体内充填球、骨骼、血管結紮、義眼などに用いられる。建築材料として、ステンドグラス、ドア、間仕切、採光窓、腰板、看板、蛍光灯などに、機械器具としては目盛板、部品、メーター器具などに用いられる。また、日用雑貨として万年筆、傘の柄、ケース、パイプ、ボタンなどに、塗料として家具、工芸品のつや出しに、その他、車両、船舶、航空機用品など多方面に用いられている。

12. ポリスチレン

モノマーであるスチレンは次のようにして合成される。

(i) ベンゼンにエチレンを$AlCl_3$を触媒とし、90℃で反応させエチルベンゼンをつくる。

$$\bigcirc + CH_2=CH_2 \xrightarrow[90℃]{AlCl_3} \bigcirc\text{-}CH_2\text{-}CH_3$$
ベンゼン　　　　　　　　　　エチルベンゼン

エチルベンゼンから、次に示す反応によりスチレンが得られる。

エチルベンゼン $\xrightarrow[\text{触媒, 600℃}]{-H_2}$ スチレン ($\bigcirc\text{-}CH=CH_2$)

$\downarrow Cl_2$　　　　　　　　　　　$\uparrow -H_2O,\ Al_2O_3$

$\bigcirc\text{-}\underset{\underset{Cl}{|}}{CH}\text{-}CH_3 \xrightarrow[NaOH aq]{-HCl} \bigcirc\text{-}\underset{\underset{OH}{|}}{CH}\text{-}CH_3$

1-クロロ-1-フェニルエタン　　1-フェニルエタノール

(ii) ベンゼンに無水酢酸を$AlCl_3$を触媒にして反応させ、アセトフェノンとし、これをナトリウムアマルガムで還元して1-フェニルエタノールとし、これを脱水してつくる。

$$\bigcirc + \underset{CH_3CO}{\overset{CH_3CO}{}}\!\!\!\!\!\!\rangle O \xrightarrow{AlCl_3} \bigcirc\text{-}COCH_3 \xrightarrow{Na\text{-}Hg}$$
ベンゼン　　無水酢酸　　　　アセトフェノン

$$\bigcirc\text{-}\underset{\underset{OH}{|}}{CH}\text{-}CH_3 \xrightarrow[Al_2O_3]{-H_2O} \bigcirc\text{-}CH=CH_2$$
1-フェニルエタノール　　　　スチレン

(ⅲ)ベンゼンにエチレンオキシドを，$AlCl_3$ を触媒として作用させて2-フェニルエタノールをつくり，これを脱水してつくる。

ベンゼン　エチレンオキシド　2-フェニルエタノール

スチレン

このようにして得られるスチレンは無色，引火性の液体で，不快ではない特臭をもち，沸点 145.2℃，密度0.91 g/cm³，メタノール，エタノール，アセトン，エーテル，二硫化炭素，炭化水素油，酢酸，酢酸エチルなどに溶ける。

スチレンの重合は過酸化ベンゾイルを触媒にして行われる。

スチレン　　　　　　　ポリスチレン

ポリスチレンは，無色透明で，比重1.04～1.06で軽く，着色剤であざやかに色をつけることもできる。軟化点80～90℃，耐水性で，酸，アルカリには安定であるが，ベンゼン，トルエン，エステル類，ハロゲン化炭化水素に溶けやすい。火をつけると黒煙を出して燃える。電気絶縁性とくに高周波絶縁性はフッ素樹脂に次いでよい。欠点としては，有機溶剤に侵されやすいこと，軟化点が低いこと，さらに最大の欠点はもろいことである。このもろさをなくするためにスチレンと他のモノマーと共重合させたコポリマー（共重合体）が多く開発されている。

例えば，耐衝撃用ポリスチレンとしてスチレン・アクリロニトリルの共重合体，スチレン・ブタジエン・アクリロニトリルの共重合体が，また耐熱用ポリスチレンとしてはスチレン・ジビニルベンゼン共重合体，ハロゲン化スチレン重合体，p-メチルスチレン重合体，アイソタクチックポリスチレンなどが市販されている。

ポリスチレン樹脂は日用品，文具，化粧品容器，建材などのほかに高周波絶縁材料として電波兵器，テレビ，ラジオ部品などにも用いられる。ポリスチレンはこれらの成型品以外に発泡体として断熱剤，防音材，コルク代用，浮揚材，容器等に広く用いられている。

13. スチレン共重合体

（1）　AS 樹脂

スチレンとアクリロニトリルを共重合させたポリマーで，AはアクリロニトリルをSはスチレンを表す。スチレン 2～3 mol とアクリロニトリル 1 mol の割合で共重合させる。

耐衝撃性のかたいプラスチックで，軟化点は80～100℃，耐薬品性もよく，極性が大きいため非極性溶媒には侵されないが，透明度，硬度が劣る。合成ゴムを配合してさらに耐衝撃性を強化したものや，ガラス繊維を混合したものなどが強化 AS 樹脂である。

（2）　ABS 樹脂

アクリロニトリル（A），1,3-ブタジエン（B），スチレン（S）の三共重合体が ABS 樹脂である。

ABS樹脂は微黄色不透明で，その構成成分の性質からスチレンの光沢，硬度，電気特性，成形性，アクリロニトリルの耐熱性，耐候性，耐薬品性，ブタジエンの耐衝撃性と多彩な性質をもっている。比重は1.04～1.07で軽く，酸，アルカリには安定であるが，酸化作用の強い酸には侵される。熱で変形する温度が 100℃ 前後とあまり高くないのが欠点である。有機溶媒に対しては，アセトン，エステル，ハロゲン化炭化水素，芳香族系溶媒に侵される。

用途としては，電気機器関係，自動車の部品，事務機や工業用部品，建築材料，包装材料，家庭用品など広く用いられている。

14. ポリアミド樹脂

カルボキシル基 -COOH とアミノ基 -NH₂ の間から水がとれてできたアミド結合 -CO-NH- によって重合したポリマーを，一般にナイロンといい，すでにその合成法はナイロン繊維の章で述べた。ナイロンは合成繊維以外にも，プラスチックとしても広く用いられている。

その性質は，色は乳白色で，ほかのプラスチックにくらべて強じんで，比重は1.14と金属に比べて軽く，融点は210～215℃ と高く，180℃までは変形しない。また金属よりも衝撃や振動を吸収し，耐摩耗性にすぐれ，耐水性であるが多少は吸水する。また耐油性，耐アルカリ性にすぐれ，金属より侵されにくい。金属に比べて熱，吸湿によって機械的性質が変化し，吸水によって寸法変化が起こる。ナイロンにガラス繊維を入れて吸水性を少なくすることができる。ナイロンはギ酸，フェノール，塩化カルシウム・メタノール溶液のようなきわめて極性の強い溶媒のみに溶ける。塩酸，硝酸，硫酸のような強酸には加水分解するがアルカリには強い。有機溶媒としてはエチレングリコール，ベンジルアルコール，氷酢酸，トリクロールエチレンに熱時溶解する。

ナイロンは合成繊維として用いられるほかに，成形品としてベアリング，ギヤー，ケース，電線被覆，びん類，印刷用活字など一般機械部品，自動車部品，電気部品，建築部品，繊維機械部品などに広く用いられている。

熱硬化性樹脂

1. フェノール・ホルムアルデヒド樹脂，ベークライト

1905年（明治38年），ベルギー生まれのアメリカの化学者ベークランド L. H. Baekeland (1863. 11/14〜1944 2/23) により，低分子化合物であるフェノール（石炭酸）とホルムアルデヒドから付加と縮合を繰り返して，最初の有用な合成高分子であるフェノール・ホルムアルデヒド樹脂が製造された。発明者の名に因んでベークライト bakelite と呼ばれている。これはプラスチックとして最も古い歴史を持ち，プラスチックが合成樹脂といわれたのも，これが松脂に似ていたためであるということは既に述べた。

フェノールにホルムアルデヒド（常温常圧で気体）の水溶液であるホルマリンを酸またはアルカリを触媒にして反応させると，ホルムアルデヒドのカルボニル基にフェノールが付加する。

−OH は o, p-配向性の基であるから，−OH に対してオルトまたはパラの位置のHがホルムアルデヒドのOに，それ以外がカルボニル基の炭素に付加する。

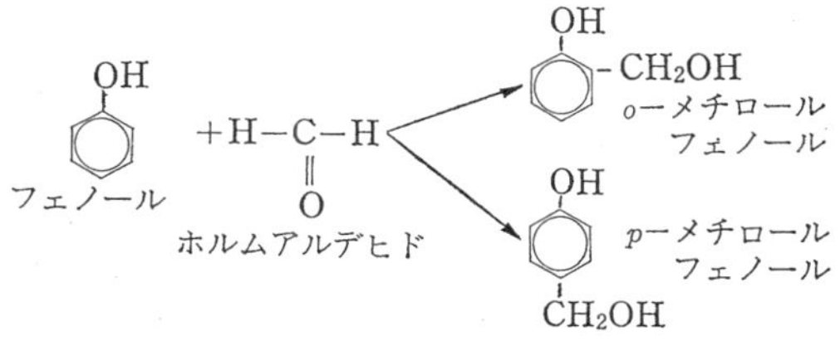

−CH₂OHをメチロール基，またはヒドロキシメチル基といい，−CH₂OHを入れることを**メチロール化**とかヒドロキシメチル化という。このようにしてフェノールをメチロール化して，−OHに対してオルトまたはパラ位がメチロール化され，それぞれo−メチロールフェノールおよびp−メチロールフェノールを生じる。これらが，更にホルムアルデヒドと付加反応すると，ジメチロール化がおこって次のようなものを生じる。

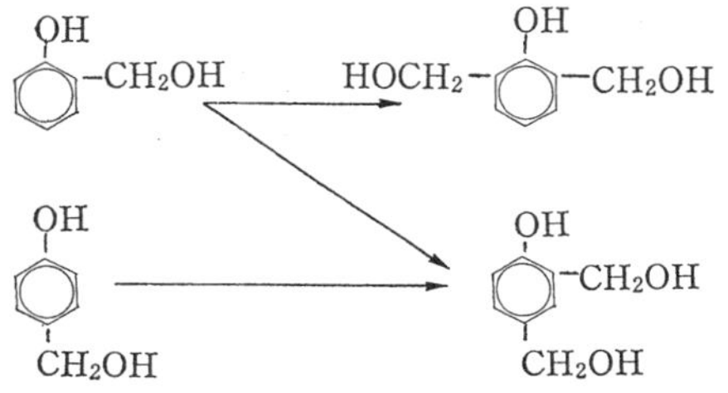

次に，メチロール基の −OH と他のベンゼン核につく −H との間に脱水縮合が行われて分子が大きくなっていく。この場合，酸を触媒として付加縮合をさせた場合と，塩基を触媒として重合させた場合とでは少し様子が異なる。

(i)酸を触媒にして行うと，**ノボラック型フェノール樹脂**を生じる。これは次のように付加縮合がおこり，分子は直線構造となる。

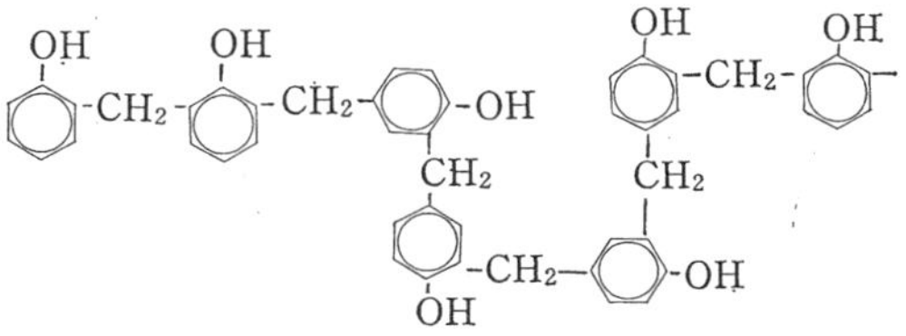

このノボラック樹脂をつくるには，たとえばシュウ酸をホルマリンに溶解した液をフェノールに加え沸騰するまで加熱し，さらに1時間後，塩酸を加え30分間加熱した後冷却し，上層の水を除き，さらに115℃で2〜3時間加熱して脱水し，熱いうちに鉄板上に流し粉砕する。これはアルコールやアセトンに可溶で，加熱すると容易に融解する分子量 1000 以下のものである。フェノールは， −OH に対して2つのオルトの位置と1個のパラの位置の合計3つの位置の場所で結合できるが，ノボラック樹脂はその中の2つの場所でしか結合していないので，分子の形は線状である。したがって，もう1つの場所で結合させると，三次元的網目構造となり熱硬化性となる。そのため，ノボラック樹脂にヘキサメチレンテトラミン（ウロトロピン），1，3−ジオキサン（ホルマール）などを加え，加圧，加熱する。

ヘキサメチレンテトラミンはアンモニアとホルムアルデヒドが反応してできたもので，加熱するともとのアンモニアとホルムアルデヒドにもどる。

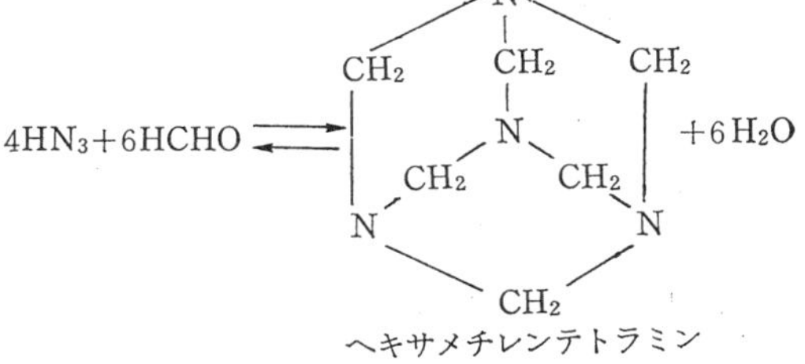

$$4HN_3 + 6HCHO \longrightarrow \text{ヘキサメチレンテトラミン} + 6H_2O$$

ヘキサメチレンテトラミン

したがって，ヘキサメチレンテトラミンを反応させることは，アンモニアアルカリ性でホルムアルデヒドを作用させたことになる。そしてベンゼン核間に

−CH₂−N−CH₂− や −CH₂−NH−CH₂−

の結合ができて，次のように網目構造になっていく。

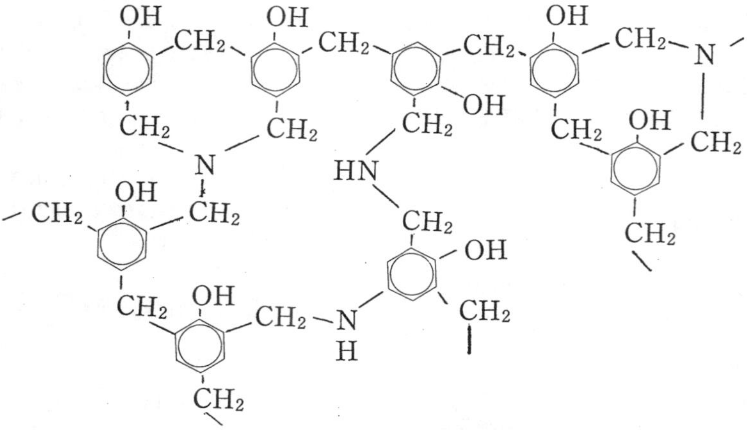

また，ホルマール 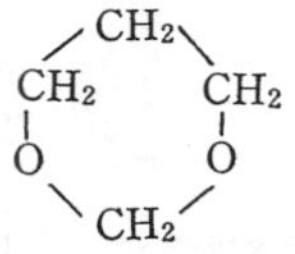 を用いてノボラック樹脂を硬化させると，第3の場所に $-CH_2-OH$ や $-CH_2-CH_2-CH_2-OH$ が置換され，これが他のベンゼン核につく $-H$ の間で脱水縮合されて網目構造になる。

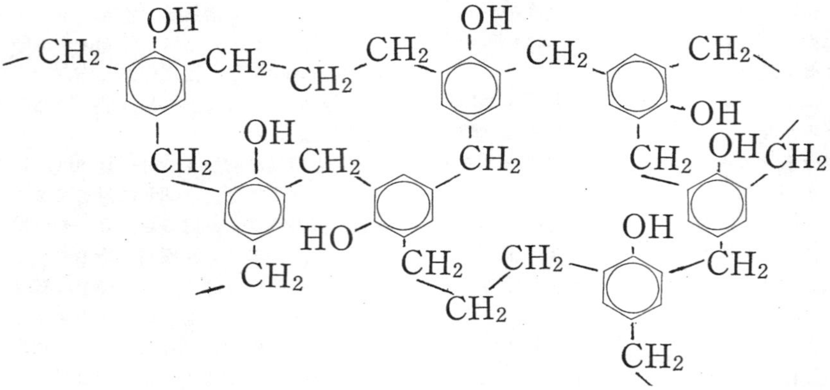

(ii)塩基（アンモニア，水酸化ナトリウム等）を触媒にしてフェノールとホルムアルデヒドを付加縮合を行うと，**レゾール型フェノール樹脂**を生じる。レゾール樹脂はメチロール基を多くもっているので反応性は大きい。

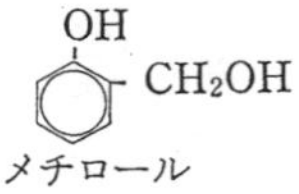

これらがさらに次のように縮合する。

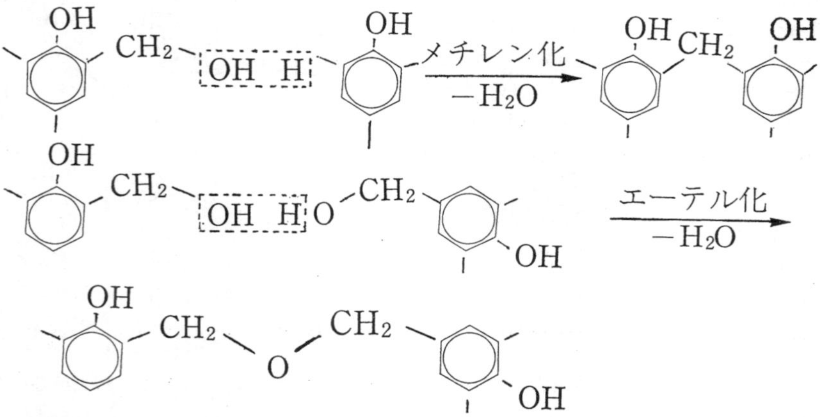

o-メチロールフェノール（サリゲニン）

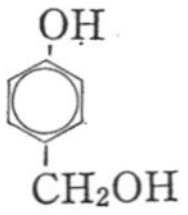

p-メチロールフェノール

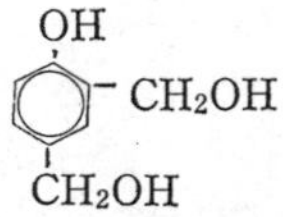

2.4-ジメチロールフェノール

メチレン化 $-H_2O$

エーテル化 $-H_2O$

レゾールをそのまま高分子化させないで，これをメタノールに溶かし，紙などに吸収させると積層板の原料ができる。この紙を何枚も重ねて加熱，加圧するとベークライト積層板が得られる。さて，レゾールを加熱，加圧により重合が進み三次元網目構造になると，このときエーテル結合はさらに反応してメチレン化したり二重結合になったりする。

$$-CH_2-O-CH_2- \begin{array}{l} \longrightarrow -CH_2-+HCHO \\ \longrightarrow -CH=CH-+H_2O \end{array}$$

このようにして，次のように熱硬化樹脂になる。

フェノール・ホルマリン樹脂は赤褐色の不透明な固体で比重は1.25〜1.30である。硬い半面もろい。したがって適当な充てん剤を加えて補強しなければならない。電気絶縁性にすぐれ，また耐熱性（150〜180℃）で，現在宇宙開発のための耐熱材料として重視されている。

また，酸には強いがアルカリには弱い。成型材料として電機器具，日用品，建材，歯車，機械部品，樹脂砥石，車両関係，通信機関係，航空，船舶関係などに広く用いられている。次に積層材料としては配電板，建材，ロール軸受などに，また，接着剤，塗料としても用いられている。

2. 尿素樹脂（ユリア樹脂）

尿素（urea）とホルムアルデヒドの付加縮合によって得られる尿素樹脂の中でも古い歴史をもつ熱硬化性樹脂である。原料である尿素とホルマリンは資源的に豊富にあり，値段も安いので成形材料や接着剤，塗料として多く用いられている。尿素とホルマリンの反応は，フェノールとホルマリンの反応と同様で，まず尿素がメチロール化され，次いで脱水縮合によって三次元網目構造になっていく。フェノール樹脂の場合と同様に酸またはアルカリ触媒が用いられるが，アルカリ触媒を用いる場合が多い。まず，尿素がホルムアルデヒドによってモノメチロール尿素またはジメチロール尿素になる。

$$\underset{\text{尿素}}{NH_2-CO-NH_2} + \underset{\text{ホルムアルデヒド}}{HCHO}$$
$$\longrightarrow \underset{\text{モノメチロール尿素}}{NH_2-CO-NH-CH_2OH}$$

$$\underset{\text{モノメチロール尿素}}{NH_2-CO-NH-CH_2OH} + \underset{\text{ホルムアルデヒド}}{HCHO}$$
$$\longrightarrow \underset{\text{ジメチロール尿素}}{HOCH_2-NH-CO-NH-CH_2OH}$$

これらは加熱により脱水縮合する。

$$-NH-CH_2OH+H_2N-CO-$$
$$\xrightarrow{-H_2O} -NH-CH_2-NH-CO-$$

このようにして三次元網目構造となる。

尿素樹脂は無色の粉末で自由に着色ができる。比重は1.4〜1.5で硬いがもろい。耐熱性，不燃性であるがフェノール・ホルムアルデヒド樹脂に比して一般的に性質は劣るが安価なので広く用いられる。その用途としては成形品として食器，容器，ボタン，照明器具，ラジオキャビネット，玩具，化粧品容器などに，また積層品としてベニヤ板，化粧板，熱用器具に用いられる。塗料，接着材として木材，家具，建築材などに用いられている。

理科系特別単科ゼミ

化学

有機高分子化合物(8)
―― 熱硬化性樹脂〈その2〉――

明治薬科大講師・代々木ゼミナール講師・中央ゼミナール講師
大西　憲昇

3. メラミン樹脂

メラミンとホルムアルデヒドの付加縮合によって得られる熱硬化性樹脂である。メラミン melamine はカルシウムカーバイドに窒素を作用させてカルシウムシアナミドとし，これに硫酸を作用させてシアナミドとする。さらにこれを加熱してジシアンジアミドとし，これにアンモニアまたは硫酸アンモニウムをオートクレーブ（加圧釜）中で反応させてつくる。

$$CaC_2 \xrightarrow{N_2} CaNCN \xrightarrow{H_2SO_4} H_2N\text{-}CN \xrightarrow{熱溶融}$$

カルシウム　　　カルシウム　　　シアナミド
カーバイド　　　シアナミド

または，尿素を加圧・加熱して得られる。

メラミンは無色柱状の結晶で，347℃ に加熱すると分解する。熱水に溶け，昇華性がある。

メラミンとホルムアルデヒドの付加縮合をさせるには，メラミン1 mol を 3～4 mol のホルムアルデヒドと pH 8～9 で加熱する。まず，メラミンの $-NH_2$ の H がメチロール化されてメチロールメラミンが生じ，次いでメチロール基の $-OH$ とアミノ基の $-H$ との間でまた，メチロール基の $-OH$ 間で脱水縮合して三次元的網目構造を形成する。

メラミン樹脂は，無色透明な塊または粉末で，比重1.45～1.52で着色自由である。耐熱性で硬いが，もろい。加工性および光沢ともに良好で，電気絶縁性，耐水性，耐薬品性で有機物にはほとんど侵されない。

用途は成型品として，食器，電気部品，機械部品，回転翼などに，積層品として家具材の上張り，壁材，化粧板などに用いられる。また塗料および接着剤として，また繊維の樹脂加工に防皺，防縮，型付，滑り止めに，一方，紙の加工にも用いられる。

4. グリプタル樹脂

多価アルコールと多塩基カルボン酸とのエステル縮合によって得られるポリエステル合成樹脂を，**アルキド樹脂** alkyd resin という。アルキドという語は，1927年，R.H. Kienle によってつけられたもので，アルコールの al と酸の cid (kyd) とからとってつくられたものである。次にこれらに用いられる主な多価アルコールと多塩基カルボン酸をあげる。

〔多価アルコール〕

HO-CH$_2$-CH$_2$-OH
エチレングリコール

CH$_3$-CH-CH$_2$
　　　OH　OH
プロピレングリコール

HO-CH$_2$-CH$_2$-O-CH$_2$-CH$_2$-OH
ジエチレングリコール

CH$_2$-CH-CH$_2$
OH　OH　OH
グリセリン

CH$_3$-CH-CH$_2$-CH$_2$
　　OH　　　OH
1,3-ブタンジオール
(1,3-ブチレングリコール)

　　　　　CH$_3$
HO-CH$_2$-C-CH$_2$-OH
　　　　　CH$_3$
ネオペンチルグリコール

　　　　　　　CH$_2$-OH
CH$_3$-CH$_2$-C-CH$_2$-OH
　　　　　　　CH$_2$-OH
トリメチロールプロパン

CH$_2$-CH-CH-CH-CH-CH$_2$
OH　OH　OH　OH　OH　OH
ソルビトール

HO-CH$_2$-CH=CH-CH$_2$-OH
ブテンジオール

〔多塩基カルボン酸および無水物〕

無水フタル酸　　フタル酸　　テレフタル酸　　イソフタル酸

テトラクロロ
無水フタル酸

CH$_2$-COOH
CH$_2$-COOH
コハク酸

CH$_2$-CH$_2$-COOH
CH$_2$-CH$_2$-COOH
アジピン酸

CH$_2$-CH$_2$-CH$_2$-CH$_2$-COOH
CH$_2$-CH$_2$-CH$_2$-CH$_2$-COOH
セバチン酸

CH$_2$-CH$_2$-CH$_2$-CH$_2$-COOH
CH$_2$-CH$_2$-CH$_2$-COOH
アゼライン酸

グリプタル樹脂 glyptal resin は，アルキド樹脂の1つで，グリセリンとフタル酸の縮重合によって得られる熱硬化性樹脂である。グリセリン2mol と無水フタル酸3mol の割合で混合し，100～150℃に加熱すると，次のように重合して長い分子ができる。

これを 150℃ 以上に加熱すると，残っている -OH とフタル酸エステルを形成して，三次元網目構造になる。

このようにして得られた樹脂は，硬くもろいので塗料としてもプラスチックの材料としても適さないために適当な変性品を用いてその欠点を除き，塗料として用いられる。

*

【問題】 次の文章を完結せよ。ただし，（　）内には字句を，□□□内には適当な番号を，{　}内には名称と構造式（または示性式）を入れよ。

種々の有機化合物合成の出発物質として利用されているアセチレンは，(イ)□□□と水との反応によって合成される無色の気体である。この化合物は炭素と炭素とが（ a ）結合で結ばれている不飽和化合物なので，（ b ）反応によって臭素水を脱色する。またその水素と種々の金属との置換反応によってアセチリドを生ずるが，この際(ロ)□□□と反応させて得られる白色沈殿は乾燥させると爆発性の物質となる。

アセチレンは水銀塩を触媒として，塩化水素と反応させると{ i }を生成する。また同様にして酢酸と反応させると{ ii }を生成する。これらの新しく生成した化合物はともに（ c ）結合をもつ不飽和化合物なのでアセチレンと同じく臭素水を脱色する一方，（ b ）重合反応によって高分子化合物である（ d ）や（ e ）となる。この（ d ）や（ e ）は加熱により軟化するところから，一般に（ f ）樹脂といわれる。

高分子化合物には，このような（ b ）重合反応によって生成するもの以外に，ナイロン6.6の名で知られる高分子化合物のように(ハ)□□□反応に

よって合成されるものと，付加縮合反応によって合成されるフェノール・ホルマリン樹脂とがある。このフェノール・ホルマリン樹脂は加熱によってさらに反応が進み硬くなることから，一般に（ g ）樹脂と呼ばれる。

(1) （ a ）～（ g ）にそれぞれ適当な字句を記入せよ。

(2) (イ)□～(ハ)□には下に示した(1)～(12)の内から，適当な字句の1つを選び番号で記入せよ。

(1) 還元 (2) 脱水素 (3) フェロシアン化カリウム (4) ブタジエン (5) アンモニア性硝酸銀 (6) 重縮合 (7) 硝酸銀 (8) 炭化カルシウム (9) 置換 (10) 酸化 (11) カルシウムシアナミド (12) アセトアルデヒド

(3) ｛ i ｝と｛ ii ｝にはそれぞれ適当な化合物の名称と構造式（または示性式）を示せ。

(昭和50年 名工大)

【解答】 アセチレン $CH \equiv CH$ は，カルシウムカーバイドに水を作用して得られる。

$$CaC_2 + 2H_2O \longrightarrow C_2H_2 + Ca(OH)_2$$

現在はメタン（天然ガスの主成分）を1500℃に加熱して作られる。

$$2CH_4 \xrightarrow{1500℃} C_2H_2 + 3H_2$$

アセチレンのHは，三重結合のために金属により置換され，爆発性のアセチリドを形成する。アセチレン1mol に 1mol の塩化水素を作用させると塩化ビニルを，また同様に酢酸を付加させると，酢酸ビニルを生じる。

$$CH \equiv CH + HCl \longrightarrow CH_2 = CH - Cl$$
$$CH \equiv CH + CH_3COOH \longrightarrow CH_2 = CH - OOC - CH_3$$

答 (1) (a)—三重 (b)—付加 (c)—二重 (d)—ポリ塩化ビニル (e)—ポリ酢酸ビニル (f)—熱可塑性 (g)—熱硬化性

(2) (イ)—(8) (ロ)—(5) (ハ)—(6)

(3) ｛i｝ 塩化ビニル 　　｛ii｝ 酢酸ビニル

【問題】 下に6種類の高分子構造の一部（A欄）と，12の高分子の名称（B欄）が示してある。次の問に答えよ。

A欄 ① $-CO(CH_2)_4CONH(CH_2)_6NH-$

② $-CH_2-CH-CH_2-CH-$ 　CN 　　CN

③ $-CH_2-C=CH-CH_2-$ 　　CH_3

④ $-NH-CO-N-CH_2-$ 　　CH_2 　$-N-CO-NH-$

⑤ $-CH-CH_2-CH-CH_2-$

⑥ （フェノール・ホルマリン樹脂構造）

B欄 (ア) ナイロン6 (イ) ポリエステル (ウ) 尿素樹脂 (エ) ポリ塩化ビニル (オ) フェノール樹脂 (カ) ポリプロピレン (キ) ナイロン6·6 (ク) ビニロン (ケ) ポリアクリロニトリル (コ) ポリスチレン (サ) ポリイソプレン (シ) タンパク質

(1) これらの中で，付加重合によってつくられるものは，どれとどれか。

(2) 縮重合のとき，ホルムアルデヒドを用いるものは，どれとどれか。

(1)(2)とも，解答はA欄，B欄を組合せて，記入せよ。

(昭和50年 九州工大)

【解答】 (1) ②—(ケ) ③—(サ) ⑤—(コ) (2) ④—(ウ) ⑥—(オ)

【問題】 つぎの高分子化合物の平均分子量がすべて等しいものとすると，平均重合度のもっとも小さいものはどれか。

(a) ポリ酢酸ビニル (b) ポリアクリロニトリル (c) ポリスチレン (d) 6-ナイロン

(昭和53年 東工大)

【解答】

(a) $\left(\begin{matrix} -CH_2-CH- \\ OOC-CH_3 \end{matrix} \right)_n = 86n$

(b) $\left(\begin{matrix} -CH_2-CH- \\ CN \end{matrix} \right)_n = 53n$

(c) $\left(-CH_2-CH- \bigcirc \right)_n = 104n$

(d) $\left[-NH-(CH_2)_5-CO- \right]_n = 113n$

答 (d)

【問題】 次の(a)〜(e)の合成高分子化合物について後の問に答えよ。答は(a)〜(e)の中から選んで(a),(b)……の記号で答えよ。
(a) ポリ酢酸ビニル　　(b) 6,6-ナイロン
(c) ポリスチレン
(d) ポリクロロプレン（ネオプレン）
(e) ポリエチレンテレフタレート（エチレングリコールとテレフタル酸などから得られるポリエステル）
問1 縮重合（縮合重合）により得られるもので，構造式の主な鎖の中にベンゼン核を含むものはどれか。
問2 付加重合により得られるもので構造式の炭素鎖の外側にベンゼン核を含むものはどれか。
問3 付加重合により得られるもので，構造式の主な鎖の中に炭素間二重結合を含むものはどれか。
問4 合成繊維「ビニロン」の原料として使用されるものはどれか。　　（昭和53年　高知大）

【解答】 問1 (e) 問2 (c) 問3 (d) 問4 (a)

【問題】 高分子物質のつぎの組合せのうち，いずれも縮重合により形成されているものから成る組合せはどれか。
(1) 絹，ケイ素樹脂，ポリ塩化ビニル
(2) 天然ゴム，フッ素樹脂，ペプシン
(3) 尿素樹脂，でんぷん，66ナイロン
(4) フェノール樹脂，レーヨン，ポリスチレン
　　　　　　　　　　　（昭和54年　東工大）

【解答】 (3)

【問題】 高分子化合物(a)〜(h)について問(1)〜(4)に答えよ。
(a) 天然ゴム　　(b) セルロース
(c) 6,6-ナイロン
(d) ポリエチレンテレフタレート
(e) ポリ塩化ビニル　　(f) ポリ酢酸ビニル
(g) ポリプロピレン　　(h) ポリスチレン
(1) 縮重合によって分子中にタンパク質と同じ結合が生じているものの原料化合物の構造式を書け。
(2) 炭素一炭素間単結合と炭素一水素間結合だけからできているものの単量体の構造式を書け。
(3) 加水分解すると水に溶ける高分子のアルコールと多量の酸を生じるものの構造式における構成単位（繰り返しの最小単位）を書け。
(4) 完全に燃焼させたとき生成する二酸化炭素と水のモル比が 5：4 であるものの単量体の構造式を書け。　　　　　　　　（昭和54年　岐阜大）

【解答】 (1) 6,6-ナイロンで原料化合物はアジピン酸とヘキサメチレンジアミンである。

$$H-O-\overset{\displaystyle O}{\underset{\|}{C}}-(CH_2)_4-\overset{\displaystyle O}{\underset{\|}{C}}-O-H \qquad H_2N-(CH_2)_6-NH_2$$

(2) ポリプロピレンであるから単量体はプロピレンである。　$CH_3-CH=CH_2$

(3) ポリ酢酸ビニルである。

$$-CH_2-\overset{\displaystyle}{\underset{\underset{\overset{\|}{O}}{O-C-CH_3}}{CH-}}$$

(4) C：H が 5：8 のものはイソプレンである。

$$CH_2=\overset{\displaystyle CH_3}{\underset{|}{C}}-CH=CH_2$$

【問題】 〔I〕に高分子化合物の構造，あるいはその一部が示してある。〔II〕にそれらの名称，〔III〕に関連事項が含まれている。〔II〕，〔III〕の中から〔I〕の(A)〜(G)に最も関係するものを一つずつ選んで記号で答えよ。さらに〔III〕の(2)(5)(8)の下線部の事項について簡単に説明せよ。

〔I〕(A) $-\left(NH-(CH_2)_6-NH-CO-(CH_2)_4-CO\right)_n$

(B) $-CH_2-CH-CH_2-CH-CH_2-CH-CH_2-$

（ベンゼン環に SO₃H が付いた構造）
　　　SO₃H　　　　　SO₃H
　　　　　$-CH_2-CH-CH_2-$

(C) $-CO-NH-\underset{R_1}{CH}-CO-NH-\underset{R_2}{CH}-CO-NH-\underset{R_3}{CH}-$

(D) $-CH_2-\cdots CH_2-\cdots CH_2-$

（フェノール構造の縮合）

(E) $\left(CH_2-CH_2\right)_n$

(F) $\left(CH_2-\underset{OH}{CH}\right)_n$

（グルコース環構造）

〔II〕(ア) ポリビニルアルコール
(イ) メラミン樹脂　　(ウ) タンパク質
(エ) ポリスチレンスルホン酸型樹脂
(オ) 6,6-ナイロン　　(カ) アミロース
(キ) ポリエチレン　　(ク) 6-ナイロン
(ケ) ビニロン　　(コ) セルロース
(サ) フェノール樹脂　　(シ) 核酸
〔III〕(1) 熱硬化性樹脂である。
(2) 代表的なイオン交換樹脂である。
(3) 結晶性の最も良い合成高分子である。

(47)

- (4) ゴム弾性を有する。
- (5) ヨウ素でんぷん反応を行う。
- (6) 水溶性で，ビニロンの原料である。
- (7) 代表的な合成繊維である。
- (8) 変性を起こす。
- (9) 植物性繊維である。
- (10) ε-カプロラクタムを原料とする。
- (11) 最初に日本で合成された合成繊維である。
- (12) 螢光を発する。

(昭和54年　島根大)

【解答】

〔Ⅰ〕	(A)	(B)	(C)	(D)	(E)	(F)	(G)
〔Ⅱ〕	(オ)	(エ)	(ウ)	(サ)	(キ)	(ア)	(カ)
〔Ⅲ〕	(7)	(2)	(8)	(1)	(3)	(6)	(5)

【説明】　(2)　イオン交換のできる酸性原子団，または塩基性の原子団をもつ水に不溶性の合成樹脂で，陽イオン交換樹脂と陰イオン交換樹脂がある。
(5)　でんぷんが冷時ヨウ素を吸着して紫色を呈する反応で，でんぷんまたはヨウ素の検出に用いられる。
(8)　タンパク質が熱，酸，重金属イオン，アルコール等により，ペプチド結合は切れないが，その性質が変化する現象をいう。

【問題】　A群にいろいろな合成高分子の名称が示してある。これらの高分子化合物のそれぞれを合成するために必要なすべての出発モノマーをB群から選んで，その記号をマークせよ。

〔A群〕
- (1)　ポリブタジエン　　(2)　ポリ酢酸ビニル
- (3)　ナイロン66　　(4)　ポリスチレン
- (5)　ポリプロピレン
- (6)　ポリエチレンテレフタレート
- (7)　メタクリル樹脂　　(8)　フェノール樹脂
- (9)　ポリ塩化ビニル
- (10)　ポリアクリロニトリル

〔B群〕
- a．$CH_2=CHCN$
- b．$CH_2=CHOCOCH_3$
- c．$CH_2=CHCOOCH_3$
- d．$HOOC(CH_2)_4COOH$
- e．HO-◯
- f．$CH_2=CH-$◯
- g．CH_3CHO
- h．$HOCH_2CH_2OH$　　i．$CH_2=CHCl$
- j．$CH_2=CH-CH=CH_2$
- k．CH_2O　　l．H_2NCONH_2
- m．HOOC-◯-COOH

n．◯(COOH, COOH)

o．$CH_2=C(CH_3)-COOCH_3$　　p．$CH_2=CH_2$

q．$H_2N(CH_2)_6NH_2$　　r．$CH_2=CH-CH_3$

s．$CH_2=CH-C(Cl)=CH_2$　　t．$CH_2=CHCOOH$

(昭和54年　上智大)

【解答】　(1)— j　(2)— b　(3)— d，q
(4)— f　(5)— r　(6)— h，m　(7)— o　(8)— e，k
(9)— i　(10)— a

【問題】　A群の(1)～(5)は，B群の合成高分子化合物のどれかに特有な化学構造である。B群からこの(1)～(5)のそれぞれ1つを含む物質の名称を，C群からはそれらの原料物質の名称を，またD群からはそれらをつくるときの重合反応の種類をそれぞれ選び，その記号を記せ。

A群
- (1)　$-NH-(CH_2)_6-NH-CO-(CH_2)_4-CO-$
- (2)　$-CH_2-CH(CN)-$
- (3)　$-CH_2-CH-CH_2-CH=CH-CH_2-$
- (4)　OH（CH_2）OH
- (5)　$-O-CH_2-CH_2-O-C(=O)-$ 〜 $-C(=O)-O-CH_2-CH_2-O-C(=O)-$ 〜 $-C(=O)-$

B群
- (a)　ポリスチレン
- (b)　尿素樹脂
- (c)　ポリアクリロニトリル
- (d)　フェノール樹脂
- (e)　6,6-ナイロン
- (f)　ポリ酢酸ビニル
- (g)　ポリ塩化ビニル
- (h)　ポリエステル（ポリエチレンテレフタレート）
- (i)　SBR（スチレンブタジエンゴム）

C群
- (a)　アクリロニトリル　　(b)　イソプレン
- (c)　クロロプレン　　(d)　塩化水素
- (e)　テレフタル酸　　(f)　スチレン
- (g)　エチレングリコール
- (h)　エチレン　　(i)　ホルマリン

(j) シアン化水素　　(k) アジピン酸
(l) ヘキサメチレンジアミン
(m) 酢酸　　　　　　(n) 石炭酸
(o) ベンゼン　　　　(p) ブタジエン
D群
(a) 共重合
(b) 縮重合（縮合重合）
(c) 付加重合

（昭和54年　日大（医））

【解答】

A群	(1)	(2)	(3)	(4)	(5)
B群	(e)	(c)	(i)	(d)	(h)
C群	(k)(l)	(a)	(f)(p)	(i)(n)	(e)(g)
D群	(b)	(c)	(a)	(b)	(b)

【問題】　次の文の空欄に，数値，語句または化学名を入れよ。

白い粉末状の物質（X）を 0.50g とり，ある溶媒 100ml に溶解して 27℃ において浸透圧を測定した。このときの浸透圧は 2.0cm の水柱に相当した。1atm＝1034cm 水柱，気体定数 $R=0.0821\ l\cdot atm/K\cdot mol$ とすると，Xの分子量は (A) □□□ であることがわかった。

次に，Xを鉄板にのせておだやかに加熱すると 1 つの塊になり，種々な形に変形することができた。ただし室温付近まで冷却すると硬化して変形することができない。このような性質を (B) □□□ という。Xを試験管に入れて強く熱すると気体が発生した。この気体にアンモニア水をつけたガラス棒を近づけると白煙を生じた。この白煙は (C) □□□ が生じたためと思われる。一方，よく磨いた銅線にXを少量つけ，バーナーの無色の炎の中に入れると炎は緑色になった。これはX中の (D) □□□ が銅と化合して (E) □□□ を生じ，(F) □□□ の炎色反応の色が見えたのである。以上の実験結果を総合するとXは (G) □□□ であると推定される。

（昭和56年　埼玉大）

【解答】　(A)　$pv=\dfrac{w}{M}RT$ より

$$\frac{2.0}{1034}\times\frac{100}{1000}=\frac{0.50}{M}\times0.0821\times(273+27)$$

$\therefore\ M=63669$

(B)　熱可塑性であるから分子の形は鎖状である。

(C)　塩化水素を発生しアンモニアと反応して塩化アンモニウムの白煙を生じる。

$$NH_3+HCl\longrightarrow NH_4Cl$$

(D)　$Cu+Cl_2\longrightarrow CuCl_2$ となり，$CuCl_2$ は加熱すると揮発性であるから銅の緑色の炎色反応を示す。いわゆるバイルシュタイン反応によるハロゲンの検出である。

(G)　以上の反応より，Xはポリ塩化ビニル

$$\left(\begin{array}{c}-CH_2-CH-\\ \ \ \ \ \ \ |\\ \ \ \ \ \ Cl\end{array}\right)_n\ \text{である。}$$

[答]　(A)　6.4×10^4　(B)　熱可塑性　(C)　塩化アンモニウム　(D)　塩素　(E)　塩化銅（Ⅱ）　(F)　銅　(G)　ポリ塩化ビニル

【問題】　次の文を読み，各問に答えよ。

生体を構成している物質には，高分子化合物が多い。セルロースやデンプンは単糖類のAがくり返し縮重合したものであり，タンパク質は多数のBがペプチド結合したものである。化学者はこのような自然の物質を見習って人工の高分子物質を合成し，われわれの生活を豊かにしてきた。ナイロン-6,6 はタンパク質を手本とし，アジピン酸 $HOOC(CH_2)_4COOH$ とヘキサメチレンジアミン $H_2N(CH_2)_6NH_2$ を縮合してえられた。合成ゴムのポリブタジエンは天然ゴムを見習ってブタジエンのC重合によりえられている。

(1)　Aには化合物の名称，Bには化合物の総称（例：カルボン酸，アルコールなど），C重合には縮重合に対応する語句を記せ。

(2)　Bの一般式を記せ。（例：カルボン酸 R-COOH，アルコール R-OH）

(3)　次の高分子化合物の構造式を例にならって記せ。〔例：ポリエチレン $(-CH_2CH_2-)_n$〕

(イ)　ナイロン-6,6　(ロ)　ポリブタジエン

（昭和57年　北大）

【解答】　(1)　A．ブドウ糖（グルコース）
B．α-アミノ酸　　C．付加

(2)　$\begin{array}{c}R-CH-COOH\\ \ \ \ \ |\\ \ \ \ NH_2\end{array}$

(3)　(イ)　$(-NH-(CH_2)_6-NH-CO-(CH_2)_4-CO-)_n$

(ロ)　$(-CH_2-CH=CH-CH_2-)_n$

【問題】　高分子化合物(1)〜(6)のうち，(a)〜(d)の記述 2 つ以上にあてはまるものはどれか。

(a)　熱によって硬化する。

(b)　製造するとき，原料モノマーより重量が減少する。

(c)　製造するときの重合反応は付加重合である。

(d)　完全燃焼によって，水と二酸化炭素が同じモル数生成する。

(1)　6,6-ナイロン

(2)　ポリ塩化ビニル

(3) ポリエチレン
(4) ポリエチレンテレフタレート
(5) ポリビニルアルコール
(6) ポリスチレン　　　（昭和57年　東工大）

【解答】　(1)～(6)まですべて熱可塑性である。
【答】　(3)，(5)

【問題】　下の文を読んで(1)～(10)に最も適当な語句あるいは数字を下記の語群から選んで記入せよ。また重合体の構成単位原子団(A)，(B)を下記の例にならって示せ。必要があれば次の原子量H＝1.0，C＝12.0，N＝14.0，O＝16.0を用いよ。

　人工的に合成された高分子化合物はプラスチック，繊維，ゴムなどとしてひろく用いられている。エチレングリコールとテレフタル酸の (1)□□□ により (A)□□□ のような原子団を構成単位とする重合体が生成する。この重合体は分子中に (2)□□□ 結合を多く含むので (3)□□□ と呼ばれ，また (4)□□□ なので繊維状に加工することができる。原料であるエチレングリコールはエチレンから合成され，テレフタル酸は (5)□□□ の (6)□□□ により合成される。分子量25000の重合体を構成するに必要なテレフタル酸の数は (7)□□□ である。

　アクリロニトリルは (8)□□□ 結合を含む単量体なので (9)□□□ により (B)□□□ のような原子団を構成単位とする重合体が生成する。この重合体も繊維として使用される。分子量106000の重合体を構成するアクリロニトリルの数は (10)□□□ である。

〔語群〕熱硬化性，熱可塑性，熱変性，共有，水素，一重，二重，アミド，アルコール，エステル，酸，ポリアミド，ポリエステル，ポリペプチド，ベンゼン，トルエン，オルトキシレン，メタキシレン，パラキシレン，開環重合，付加重合，縮重合，置換，脱離，酸化，還元，加硫，100，110，130，150，1000，1500，2000

〔重合体の構成単位原子団の例〕
　　　$-CH_2-CH-$
　　　　　　　（昭和58年　横浜国大）

【解答】　ポリエチレンテレフタレート

$$[-OCH_2CH_2OOC-\bigcirc-CO-]_n = 192n$$

分子量25000の重合度 n は

$$n = \frac{25000}{192} \fallingdotseq 130$$

ポリアクリロニトリル

$$\left(-CH_2-CH \atop CN\right)_n = 53n$$

分子量106000の重合度 n は

$$n = \frac{106000}{53} = 2000$$

【答】　(1)　縮（合）重合　(2)　エステル　(3)　ポリエステル　(4)　熱可塑性　(5)　パラキシレン　(6)　酸化　(7)　130　(8)　二重　(9)　付加重合　(10)　2000

(A)　$-O-(CH_2)_2-OOC-\bigcirc-CO-$

(B)　$-CH_2-CH- \atop CN$

【問題】　次の文章を読んで，問1～3に答えよ。

　現在，数多くの高分子化合物が合成され，われわれの日常生活に利用されている。このような合成高分子化合物は，すべて分子量の小さい単量体が繰り返し，数多く結合したものであり，その繰り返し数を重合度という。2種類以上の単量体から合成される高分子化合物を特に (ア)□□□ という。高分子化合物を合成する方法は反応様式の違いにより，次の2つに大別できる。(1)エチレンの重合のように，分子内に (イ)□□□ をもった単量体が反応し，高分子量化する反応を (ウ)□□□ という。(2)反応に際して低分子量の化合物がとれて進行する反応を (エ)□□□ という。(2)の系に属する反応ではアルコールとカルボン酸の反応によるエステル結合，アミノ基と，カルボキシル基の反応による (オ)□□□ 結合などを利用している。例えば，(a)テレフタル酸とエチレングリコールから合成されるポリエステル，(b)ヘキサメチレンジアミンとアジピン酸から合成されるナイロン-6,6などがある。

問1　文中の空欄 (ア)～(オ) に適当な語句を記入せよ。

問2　下線部分(a)と(b)に該当する高分子化合物の構造式を記せ。

問3　(1)の系に属するポリエチレン，ポリスチレンおよびポリ塩化ビニルを識別するために，これらの小片をピンセットではさみ炎の中に入れ燃焼させた。この方法でそれぞれをどのように識別できるか，理由をつけて80字以内で記せ。
　　　　　　　　　　（昭和58年　神戸大）

【解答】　問1　(ア)―共重合体（コポリマー）　(イ)―二重結合　(ウ)―付加重合　(エ)―縮（合）重合　(オ)―アミド

問2　(a)
$$[-O-CH_2-CH_2-OOC-\bigcirc-CO-]_n$$

(b)　$[-NH-(CH_2)_6-NH-CO-(CH_2)_4-CO-]_n$

問3　ポリ塩化ビニルは燃焼時に塩化水素を発生するから，刺激臭のある白煙を生じる。ポリスチレンはベンゼン環を含み，不飽和度が高いので，燃焼させると赤い炎と黒煙を発生する。ポリエチレンは炭素含有率が低いので明るい炎を出して燃える。

【問題】 次のＡ群の重合体はＢ群の１種または２種の単量体を原料として作ることができる。Ａ群のそれぞれの重合体を作るのに適した単量体をＢ群から選び，その記号と示性式（または構造式）を書け。

〔Ａ群〕

(1) 尿素樹脂　　　　　(2) ポリ酢酸ビニル

(3) 6,6-ナイロン

(4) ポリアクリロニトリル

(5) ポリプロピレン　　(6) ポリスチレン

(7) ポリ塩化ビニル

(8) ポリエチレンテレフタレート（ポリエステル）

〔Ｂ群〕

(a) アジピン酸　　　　(b) 尿素

(c) 酢酸ビニル　　　　(d) ホルムアルデヒド

(e) エチレングリコール

(f) フェノール　　　　(g) テレフタル酸

(h) ヘキサメチレンジアミン

(i) 塩化ビニル　　　　(j) スチレン

(k) プロピレン　　　　(l) アクリロニトリル

(m) ε-カプロラクタム　(n) ブタジエン

（昭和58年　高知大）

【解答】

(1) (b) $NH_2-CO-NH_2$　　(d) $HCHO$

(2) (c) $CH_3COO-CH=CH_2$

(3) (a) $HOOC-(CH)_4-COOH$

　　(h) $H_2N-(CH_2)_6-NH_2$

(4) (l) $CH_2=CH-CN$

(5) (k) $CH_2=CH-CH_3$

(6) (j) 〈〉$-CH=CH_2$

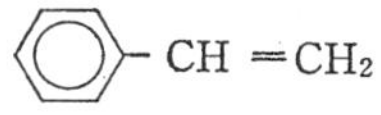

(7) (i) $CH_2=CH-Cl$

(8) (e) $HO-CH_2-CH_2-OH$

　　(g) $HOOC-〈〉-COOH$

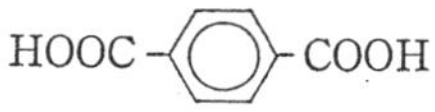

理科系特別単科ゼミ 化学

有機高分子化合物(9)
―― 問題 ――

明治薬科大講師・代々木ゼミナール講師・中央ゼミナール講師
大西 憲昇

【問題】 次の文中の(a)～(c)にはA欄から，(d)～(j)にはB欄から適当と思われるものを1つずつ選びなさい。ただし，同じ番号を何回用いてもよい。

エチレンの水素をXで(a)□□した化合物（Ⅰ）CH₂=CH-X は，一般には化合物（Ⅱ）CH₃-CH₂-X の(b)□□で合成するか，または，化合物（Ⅲ）CH≡CH の(c)□□で合成することができる。化合物（Ⅰ）CH₂=CH-X のうちで，実際に合成できないのはXが(d)□□の場合である。

これらの（Ⅰ）CH₂=CH-X を重合してから希水酸化ナトリウム水溶液中で加水分解すると，ビニロンの合成原料になるのはXが(e)□□のときであり，カルボキシル基を有する高分子になるのはXが(f)□□の場合である。高分子をスルホン化して陽イオン交換樹脂を作るには，Xが(g)□□のときが適している。合成繊維の原料となるのはXが(h)□□と(i)□□のときである。合成樹脂として用いられているポリプロピレンは Xが(j)□□の単量体から合成される。

A欄
01 重合　02 解離　03 置換　04 加水分解
05 還元　06 環化　07 ニトロ化
08 エステル化　09 ケン化　10 縮合反応
11 付加反応　12 ジアゾ化反応
13 脱水素反応　14 異性化反応

B欄
01 -CH₃　02 -⌬　03 -Cl　04 -F
05 -CH=CH₂　06 -OH　07 -CN
08 -O-CO-CH₃　09 -CO-O-CH₃
10 -CCl=CH₂　11 -CH₂-CH₃
12 -C(CH₃)=CH₂

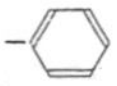

（昭和58年度　東理大）

【解答】 CH₂=CH-X は一般に次の2つの方法で合成される。

$$CH_3-CH_2-X \xrightarrow{脱水素} CH_2=CH-X + H_2$$

$$CH \equiv CH + HX \xrightarrow{付加} CH_2=CH-X$$

ここで-X が -OH の場合，CH₂=CH-OH はビニルアルコールであるが，これはエノールで不安定で存在せず，これがケト化して安定なアセトアルデヒドになる。

$$CH_2=CH-OH \xrightarrow{ケト化} CH_3-\underset{\underset{O}{\|}}{C}-H$$

（答）(a) 03, (b) 13, (c) 11, (d) 06, (e) 08,
(f) 09, (g) 02, (h) 03, (i) 07, (j) 01

【問題】 合成高分子化合物についてのつぎの記述のうち，正しいものはどれか。
(1) ポリビニルアルコールはビニルアルコールの付加重合によって合成される。
(2) 同じ分子量のナイロン6とナイロン66とでは含まれているアミド結合の数が等しい。
(3) フェノールとホルマリンを縮重合させると，フェノールの水酸基とホルムアルデヒドの水素との間で脱水反応がおこり，フェノール樹脂ができる。
(4) ポリエチレンテレフタレートは，テレフタル酸とエチレングリコールとの縮重合によってできるポリエーテルである。
(5) 重合度が等しい，ポリエチレン，ポリ塩化ビニル，ポリスチレン，ポリアクリロニトリル，ポリ酢酸ビニルのうち，分子量はポリスチレンがもっとも大きい。

（昭和59年度　東工大）

【解答】 (1) ビニルアルコールは存在しないから，酢酸ビニルを付加重合してポリ酢酸ビニルとし，これをアルカリでけん化（加水分解）してポリビニルアルコールをつくる。

(2) ナイロン66

$[-NH-(CH_2)_6-NH-CO-(CH_2)_4-CO-]_n = 226n$

と，ナイロン6 $[-NH-(CH_2)_5-CO-]_n = 113n$

で，いずれも分子量が同じならば含まれるアミド結合の数は等しい。すなわちナイロン66は226 g 中に2モルのアミド結合を，ナイロン6は113 g 中に1モルのアミド結合を有する。

(3) ホルムアルデヒドと反応するのは，フェノールの水酸基に対してオルトまたはパラ位の水素原子であって水酸基ではない。

(4) ポリエーテルではなくポリエステルである。

(5) ポリエチレン $(-CH_2-CH_2-)_n = 28n$

ポリ塩化ビニル $\left(\begin{matrix}-CH_2-CH- \\ \qquad | \\ \qquad Cl\end{matrix}\right)_n = 62.5n$

ポリスチレン $\left(\begin{matrix}-CH_2-CH- \\ \qquad | \\ \qquad \bigcirc\end{matrix}\right)_n = 104n$

ポリアクリロニトリル $\left(\begin{matrix}-CH_2-CH- \\ \qquad | \\ \qquad CN\end{matrix}\right)_n = 53n$

ポリ酢酸ビニル $\left(\begin{matrix}-CH_2-CH- \\ \qquad | \\ \qquad OOC-CH_3\end{matrix}\right)_n = 86n$

n が同じならば分子量が最も大きいのはポリスチレンとなる。

(答) (2)，(5)

【問題】 ナイロン66の原料であるアジピン酸とヘキサメチレンジアミンは，ともにフェノールから製造される。いま，アジピン酸およびヘキサメチレンジアミンを1.0モルずつ製造するのに，それぞれ1.1モルおよび1.2モルのフェノールを必要とすると，45トンのナイロン66を製造するのに必要なフェノールは何トンか。

(昭和59年度　東工大)

【解答】 ナイロン66は下記のようにつくられる。

$nH_2N-(CH_2)_6-NH_2 + nHOOC-(CH_2)_4-COOH \longrightarrow$
$[-NH-(CH_2)_6-NH-CO-(CH_2)_4-CO-]_n + 2nH_2O$
$\qquad\qquad\qquad 226n$

ナイロン66を226 g つくるのにフェノール2.3モル，すなわち $2.3 \times 94 = 216.2$ g 必要である。したがってナイロン66を45トンつくるに必要なフェノールは，

$$45 \times \frac{216.2}{226} = 43 （トン）$$

【問題】 次の文を読み，下の問いに答えよ。

(1) 常温でア（　）である $C_6H_5-CH=CH_2$(A)に少量の過酸化ベンゾイルを加えて加熱するとイ（　）重合して，常温でウ（　）である高分子化合物(B)が得られる。これはエ（　）構造を有し，熱を加えると流動化し，冷却すると再び硬くなるのでオ（　）樹脂といわれる。また，これは比較的多くの有機溶媒に溶解する。

(2) Aにジビニルベンゼンを少量混ぜて共重合させると，高分子化合物(C)が得られる。これは熱を加えても流動化せず，有機溶媒に溶解しない。

(3) 2価アルコールとジカルボン酸を加熱すると，カ（　）重合して，キ（　）構造の高分子化合物(D)が得られる。

問1　上の文の(ア)～(キ)に最も適した語句または数字を下記Ⅰ群の(a)～(p)から選び記号で答えよ。同じ記号を何回選んでもよい。

問2　BとDの名称を書け。

問3　Cが熱的性質や溶解性の点でBと異なる理由は，その構造上の相違による。どのような構造上の相違があるか簡単に説明せよ。

問4　下記のⅡ群に示した高分子化合物(q)～(w)のうち，熱的性質や溶解性の点で，BよりもCに似ているものをすべて選び記号で答えよ。

問5　下記のⅡ群に示した高分子化合物(q)～(w)のうち，重合の際，小さい分子がとれて得られたものをすべて選び記号で答えよ。

Ⅰ群　(a) 縮合　 (b) 付加　 (c) 共
　　　(d) 付加縮合　 (e) 熱可塑性　 (f) 気体
　　　(g) 固体　 (h) 液体　 (i) 熱硬化性
　　　(j) 三次元　 (k) 合成　 (l) 加熱
　　　(m) 弾性　 (n) 加硫　 (o) ラテックス
　　　(p) 線状

Ⅱ群　(q) ポリ塩化ビニル　 (r) 尿素樹脂
　　　(s) フェノール樹脂　 (t) ナイロン6,6
　　　(u) ポリメタクリル酸メチル
　　　(v) ポリ酢酸ビニル　 (w) ケイ素樹脂

(昭和59年度　鹿児島大)

【解答】 問1　ア―(h)　イ―(b)　ウ―(g)　エ―(p)
　　　オ―(e)　カ―(a)　キ―(p)

問2　B：ポリスチレン　D：ポリエステル

問3　Cは3次元網目構造であるので熱硬化性で有機溶媒に溶けないが，Bは線状すなわち1次元構造であるから熱可塑性で，有機溶媒に溶けるものもある。

問4　(r)，(s)，(w)

問5　(r)，(s)，(t)，(w)

【問題】 次の各問に答えよ。

(1) 炭素，水素，酸素からなる有機化合物(A)30.0 mg を，完全に燃焼させると，水35.2mg および二酸化炭素 57.4mg を生じた。各元素の重量百分率（%）と，化合物(A)の実験式（組成式）を求めよ。

(2) 化合物(A)に濃硫酸を加えて160～170℃に加熱すると，水を脱離して化合物(B)を生じた。この化合物(B)を臭素水溶液に通すと，その溶液の赤褐色は消え，化合物(C)を生じた。化合物(A)の構

造式と名称，および化合物(B)から化合物(C)を生じる反応式を，構造式を用いて書け。
(3) 化合物(B)に，適当な温度と圧力のもとで触媒を加えると，多数の分子がイ□□した高分子化合物ロ□□を生じる。このものは，熱可塑性樹脂として，日常生活に広く利用されている。
上記のイおよびロにあてはまる適当な言葉を書け。

（昭和60年度　東京水産大）

【解答】 (1) Cの%：$\dfrac{57.4 \times \dfrac{12}{44}}{30.0} \times 100 = 52.18(\%)$

Hの%：$\dfrac{35.2 \times \dfrac{2}{18}}{30.0} \times 100 = 13.04(\%)$

Oの%：$100 - 52.18 - 13.04 = 34.78(\%)$

C : H : O = $\dfrac{52.18}{12} : \dfrac{13.04}{1} : \dfrac{34.78}{16}$
　　　　＝　2　：　6　：　1

Aの組成式は C_2H_6O 。これは不飽和度 U=0 であるから分子式でもある。この分子式に対して考えられる化合物は次の2種である。
C_2H_5OH：エタノールと CH_3-O-CH_3：ジメチルエーテルである。
(2) 160〜170℃で分子内脱水をおこすからAはエタノールでBはエチレンである。Bに Br_2 を付加して二臭化エチレン(1,2-ジブロモエタン)Cを生じる。
(答) (1)重量百分率　C：52.18%　H：13.04%
O：34.78%　組成式 C_2H_6O
(2) (A)

```
    H H
    | |
  H-C-C-O-H
    | |
    H H
```
エタノール（エチルアルコール）

```
H    H          H H
 \  /           | |
  C=C  + Br₂ → H-C-C-H
 /  \           | |
H    H          Br Br
```

(3) イ：付加重合　　ロ：ポリエチレン

【問題】 下の高分子化合物(1)〜(5)のうち，
(a) 条件(イ)〜(ハ)がすべてあてはまるもの，
(b) 条件(イ)〜(ハ)のいずれにもあてはまらないものは，それぞれどれか。
条件：(イ) 縮合重合によりつくられる。
(ロ) 成分元素は3種類である。
(ハ) 加水分解される構造を含む。
(1) ポリ酢酸ビニル
(2) ポリエチレンテレフタラート
(3) ポリスチレン　　(4) フェノール樹脂
(5) ナイロン6

（昭和60年度　東工大）

【解答】 (イ) 縮合重合によってつくられるものは(2)，(4)，(5)　(ロ) 成分元素が3種類のものは(1)，(2)，(4)　(ハ) 加水分解されるものは(1)，(2)，(5)
(答) (a)—(2)　(b)—(3)

【問題】 次の文章を読み，次の問い(問1〜5)に答えよ。
　ＬＰレコード盤の原料は，塩化ビニルと酢酸ビニルのある割合での混合物を付加重合させて得られた共重合物である。この共重合物中の塩化ビニルと酢酸ビニルのそれぞれの成分比を求めるため次のような実験を行った。
　共重合物の粉末 0.313 gをろ紙につつみ，右図のような酸素燃焼用フラスコの白金線にはさみこむ。フラスコ中にはあらかじめ約10 mlの蒸留水，1 mlの水酸化カリウム（濃度約100 g/l）および1 mlの過酸化水素（濃度約300 g/l）の混合水溶液を入れておく。ガラス管を用いて酸素ガスをフラスコに導き，空気を置換する。ガス炎でろ紙の端

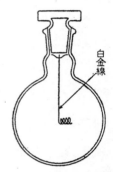

図　酸素燃焼用フラスコ（直立位置内容500 ml）

に着火し，速やかにろ紙のついた栓をフラスコにそう入する。燃焼中はフラスコを転倒させておく。燃焼が終ったらフラスコを直立位置に戻し，冷水中で静かに振って生じた塩素化合物を速やかにかつ完全に吸収させる。30分後フラスコの栓をとり，内容物を 200 ml のビーカーに完全に移し，蒸留水をそそいで最終液量を約 30 ml とする。約 1 g の硝酸ナトリウムと，2.5 ml の約 2 mol/l の硝酸水溶液を加えて5分間煮沸する。
　冷却後，生成した溶液中の塩化物イオンを 0.1 mol/l 硝酸銀水溶液を用いて滴定する（この方法を沈殿滴定法という）。この滴定反応を完結させるに要した上記硝酸銀水溶液の所要量は 46.3 ml であった。
　別に共重合試料を用いないで，全く同じ操作で実験をおこなう。このような試験をブランク試験（または空試験）というが，このときの 0.1 mol/l の硝酸銀水溶液の所要量は 1.2 ml であった。
問1　塩化ビニルと酢酸ビニルの示性式（または構造式）を示せ。
問2　酸素燃焼用フラスコ中の酸素は共重合物試料などを完全に燃焼させるためにつめてあるがフラスコ中にあらかじめ加えてある過酸化水素の役割を30字以内で述べよ。

問3　塩化物イオンを硝酸銀水溶液を用いて滴定するときの化学反応式を示せ。

問4　この共重合物試料の塩素含有量（重量％）を求めよ。

問5　この共重合物試料の塩化ビニルと酢酸ビニルの組成比（重量％比）を求めよ。

ただし，問4と5の解答は小数第2位を四捨五入し，小数第1位まで求めよ。原子量として，H=1.0，C=12.0，Cl=35.5を用いよ。

（昭和60年度　横浜国立大）

【解答】　問1　塩化ビニル：$CH_2=CH-Cl$　酢酸ビニル：$CH_2=CH-OOC-CH_3$

問2　燃焼で生じる Cl_2 を完全に Cl^- にかえるため，
$$Cl_2+H_2O_2 \longrightarrow 2HCl+O_2$$

問3　$Ag^++Cl^- \longrightarrow AgCl$

問4　試料0.313g中の塩素を Cl^- にかえて $0.1mol/l$ $AgNO_3$ で滴定すると，$46.3-1.2=45.1ml$ を要したから，含まれていた塩素の％は
$$\frac{0.1}{1000}\times 45.1\times 35.5\times \frac{100}{0.313}=51.15 ≒51.2(\%)$$

問5　含まれていた $CH_2=CH-Cl(=62.5)$ の含有％は，
$$\frac{0.1}{1000}\times 45.1\times 62.5\times \frac{100}{0.313}=90.1(\%)$$

したがって $CH_2=CH-OOC-CH_3$ は
$$100-90.1=9.9(\%)$$
塩化ビニル：90.1％　　酢酸ビニル：9.9％

【問題】　問1　次の文中の（　）に適する化合物の構造式を記せ。

ア（　）とイ（　）は同一の組成式をもち，ア（　）はイ（　）の3倍の分子量をもつ。イ（　）は塩化水素が付加すると塩化ビニルに変り，イ（　）に水が付加するとウ（　）となる。ア（　）は付加反応より置換反応がおこりやすく，ア（　）に濃硝酸と濃硫酸の混合物を作用させるとエ（　）になる。

問2　次の文中の□□□には適する化合物の構造式を，（　）には適する語句を記せ。

ナトリウムと塩をつくる有機化合物A，B，Cがある。AまたはCを溶かした水溶液はいずれも酸性を示すが，Bの水溶液は中性である。AとBは次に示す化学反応で4個の炭素原子を含む3種類の化合物D□□□，E□□□，F□□□になる。

(1)　Aの蒸気を高温で適当な触媒の上に通すと，2分子で水1分子を放ち，沸点140℃の液体D□□□となる。D□□□はセルロースの水酸基と反応してア（　）繊維になる。

(2)　Bは濃硫酸を加えて130℃くらいに加熱すると，2分子で水1分子を放ち，沸点34℃の液体E□□□となる。

(3)　AとBの混合物に少量の濃硫酸を加えて熱すると，AとBで水1分子を放ち，果実の香りをもつ沸点77℃の液体F□□□になる。

(4)　Cに塩化鉄(Ⅲ)の水溶液を作用させると青紫色を呈する。Cはホルマリンと縮重合させるとイ（　）樹脂になる。CはD□□□と反応すると炭素8個からなるエステルG□□□となる。

問3　ア　絹，イ　木綿，ウ　ナイロン，エ　ポリエステルの4種の繊維がある。

次の文を読んで1〔　〕～4〔　〕に相当する繊維を記号ア，イ，ウ，エで答えよ。また，文中の□□□には適する化合物の構造式を，（　）には物質名を記せ。

石油から得られる芳香族炭化水素A□□□にはA□□□の他に2種の構造異性体がある。A□□□を過マンガン酸カリウムで酸化するとカルボン酸B□□□になる。B□□□とエチレングリコールとの縮重合物が1〔　〕と呼ばれる。2〔　〕のフィブロイン中には最も簡単なα-アミノ酸であるC□□□が約44％含まれている。3〔　〕はグルコースがβ型に縮重合したD（　）からできている。E□□□とヘキサメチレンジアミンとを縮重合させるとアミド結合をもつ4〔　〕ができる。

問4　問3のア，イ，ウ，エの4種の繊維でできた布地を判別する実験を行った。下記の文章中のa，b，cに相当する布地に関係ある繊維を記号，ア，イ，ウ，エで答えよ。

4本の試験管にそれぞれ4種の布地と水酸化ナトリウム数粒を入れて加熱し，試験管口に水で湿らせたリトマス紙を置いた。布地aおよび布地bを入れた試験管の赤色リトマス紙が青変した。4種の布地をそれぞれ濃硝酸につけると，布地bが黄色に着色した。4本の試験管にそれぞれ4種の布地と希硫酸を加えて煮沸後，炭酸ナトリウムを泡がでなくなるまで加え，さらにフェーリング液を加えて加熱した。布地cを入れた試験管では赤褐色の沈殿を生じた。

（昭和60年度　岡山大）

【解答】　問1　イは HCl を付加して $CH_2=CH-Cl$ を生じるからアセチレン $CH≡CH$ であり，アはアセチレンの3倍の分子量をもち付加反応より置換反応をおこしやすく，ニトロ化されるからベンゼン C_6H_6 である。ウはアセチレンに水を付加して得られるからアセトアルデヒド CH_3CHO で，エはニトロベンゼン

⬡$-NO_2$ である。

問2　A，Cは酸，Bはアルコールである。Dはセルロースの -OH と反応することから無水酢酸。Aは酢

酸であり，130℃で濃硫酸で分子間脱水してジエチルエーテルEを生じるから，BはエタノールでFは酢酸エチルである。CはFeCl₃溶液で呈色するからフェノールで，無水酢酸でアセチル化すると酢酸フェニルGを生じる。

問3 Bとエチレングリコールでポリエチレンテレフタレートを生ずるからBはテレフタール酸。BはAをKMnO₄で酸化して得られるからAは*o*-キシレンである。絹はフィブロインというタンパク質から成り，最も簡単なα-アミノ酸はグリシンである。木綿はβ-グルコースが縮重合してできているセルロースから成り，ナイロンはアジピン酸とヘキサメチレンジアミンの縮重合により成るポリアミドである。

問4 アルカリ溶液を加えて NH₃ を発生するから，ナイロンとタンパク質である絹で，硝酸で黄色を呈する（キサントプロテイン反応）からbは絹で，aはナイロンである。cは希硫酸で加水分解したら還元性のある物質（ブドウ糖）を生じるから木綿である。

(答) 問1 ア. (ベンゼン環) イ. H−C≡C−H

ウ.
H−C−C−H（H, H, O, H）

エ. (ベンゼン環)−N(=O, O)

問2 D. H−C−C−O−C−C−H

E. H−C−C−C−O−C−C−H

F. H−C−C−O−C−C−H

G. (ベンゼン環)−O−C−C−H

ア. アセテート イ. フェノール

問3 1……エ 2……ア 3……イ 4……ウ

A. H−C−(ベンゼン環)−C−H

B. HO−C−(ベンゼン環)−C−OH

C. H−C−C−O−H（H, O, H−N−H）

D. セルロース

E. H−O−C−C−C−C−C−C−O−H

問4 a……ウ b……ア c……イ

【問題】 **I** 次の文中の空欄にもっとも適した用語，化合物名を答えよ。
　重合反応を利用することによって，各種の有用な高分子化合物を合成することができる。高分子化合物の構成単位となっている化合物をイ□□□

と称する。重合反応には二つのタイプがあり，その一つは塩化ビニルからポリ塩化ビニル，スチレンからポリスチレンを生成するタイプの反応で，ロ□□□反応と呼ばれる。他の種類の反応は，テレフタル酸とエチレングリコールを原料としてハ□□□と呼ばれる高分子化合物を合成したり，ニ□□□とホ□□□を用いてナイロン6,6を合成す反応で，ヘ□□□反応として分類される。

II 上の文章を読み，以下の問いに答えよ。構造式は下の例にならって書け。

問1 次の化合物の構造式を書け。
(イ) 塩化ビニル 　　(ロ) スチレン
(ハ) テレフタル酸 　(ニ) エチレングリコール

問2 テレフタル酸とエチレングリコールから得られる高分子化合物(イ)，およびポリスチレン(ロ)の構造を，構成単位がわかるように示せ。

問3 塩化ビニルをアセチレンから合成する場合に用いられる試薬の化学式を書け。

問4 スチレンに，四塩化炭素中で臭素を反応させた場合の生成物(イ)，およびスチレンに，エタノール中で白金触媒の存在下に等モルの水素を吸収させた場合の生成物(ロ)の構造式を書け。

問5 テレフタル酸を，*p*-キシレンから合成する場合に用いられる試薬の化学式を書け。

問6 ナイロンと絹の分子構造上の類似点を述べよ。

〔例〕 構造式の書き方 (ベンゼン環)−CH₃ トルエン
CH₃−CH₂−OH エタノール

（昭和60年度 都立大）

【解答】 (答) **I** イ. 単量体（モノマー）ロ. 付加重合 ハ. ポリエチレンテレフタレート ニ. ヘキサメチレンジアミン ホ. アジピン酸 ヘ. 縮(合)重合

II 問1 (イ) CH₂=CH−Cl 　(ロ) (ベンゼン環)−CH=CH₂

(ハ) HOOC−(ベンゼン環)−COOH 　(ニ) HO−CH₂−CH₂−OH

問2 (イ) [−CO−(ベンゼン環)−COO−CH₂−CH₂−O−]ₙ

(ロ) [−CH₂−CH(ベンゼン環)−]ₙ 　問3 HCN

問4 (イ) (ベンゼン環)−CH−CH₂（Br, Br） 　(ロ) (ベンゼン環)−CH₂−CH₃

問5 KMnO₄

問6 いずれもアミド結合 −CONH− をもつ直線状の高分子化合物である。

【問題】 A群の(a)〜(f)の高分子化合物の単量体を，B群の中から一つずつ選び，その記号を記せ。
〔A群〕 (a) ポリメタクリル酸メチル
(b) フェノール樹脂 　(c) ポリエステル

(d) 天然ゴム　(e) セルロース
(f) ポリアラニン

〔B群〕(イ) CH₂=CH₂　(ロ) ⌬-CH=CH₂
(ハ) H₂N(CH₂)₆NH₂, HOOC-⌬-COOH
(ニ) CH₂=C(CH₃)COOCH₃
(ホ) CH₂=CH-COOCH₃　(ヘ) ⌬-OH, HCHO
(ト) HOOC-⌬-COOH, HO(CH₂)₂OH
(チ) H₂N(CH₂)₆NH₂　(リ) CH₃CHO
(ヌ) ⌬-OH　(ル) CH₂=C(CH₃)-CH=CH₂,
CH₂=CCl-CH=CH₂　(ヲ) CH₂=C(CN)-CH₃

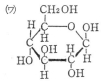

(ヨ) H₂N-CH-COOH
　　　　|
　　　CH₃
(タ) H₂N-CH-COOH
　　　　|
　　　CH₂CH₂COOH　(ソ) CH₂=C-CH=CH₂
　　　　　　　　　　　　　　|
　　　　　　　　　　　　　CH₃
(レ) H₂N-CH₂-COOH
（昭和60年度　甲南大）

【解答】　(答) (a)—(ニ)　(b)—(ヘ)　(c)—(ト)　(d)—(ル)
(e)—(ワ)　(f)—(ヨ)

【問題】　I　次の文を読み，問い〔1〕〜〔5〕に答えよ。

A分子式 C₁₄H₁₂O₂ のエステル(イ)□□を水酸化ナトリウムの水溶液に加えて，よくかきまぜながら加熱すると透明な溶液になる。これに塩酸を加えて中性にし，さらにBかきまぜながら酢酸を加えて弱酸性にすると，溶液は濁ってくる。この溶液を分液ロートにとり，Cベンゼンを加えてよく振りまぜ放置すると2層になる。これを水層と油層に分離し，油層を蒸留すると，芳香族化合物(ロ)□□が得られる。(ロ)は過マンガン酸カリウムと硫酸で酸化するとカルボン酸になり，また塩化鉄(III)の水溶液を黒紫色に着色する。一方，分液ロートから得られた水層に濃硫酸を少しずつ加えて十分酸性にすると，白色の固体が沈殿する。D沈殿を含む水溶液に氷片をいれて冷やしろ過した後，ロート上で沈殿を冷水でよく洗うと，白色の芳香族化合物(ハ)□□が得られる。

〔1〕上の文中の空欄(イ)〜(ハ)の化合物を示性式で示せ。
〔2〕下線Aの変化を反応式で示せ。
〔3〕下線Bの操作では，よく二酸化炭素が用いられるが，このように酢酸を用いてもよい理由を述べよ。
〔4〕下線Cにおいて，ベンゼンを加える理由を書け。
〔5〕下線Dで冷やすのはなぜか。

II　次に記す，A，B，C群につき，問い〔1〕および〔2〕に答えよ。

A群(高分子化合物)　(a) ナイロン66
(b) ポリエステル　(c) フェノール樹脂
(d) グリコーゲン　(e) ポリスチレン
(f) 尿素樹脂　(g) タンパク質
(h) ポリ塩化ビニル　(i) アミロース
(j) ポリ酢酸ビニル

B群(単量体)　(1) NH₂CONH₂　(2) C₆H₅OH
(3) CH₂=CHCl　(4) HCHO　(5) CH₃COOH
(6) p-C₆H₄(COOH)₂　(7) CH₂(NH₂)COOH
(8) [グルコース環状構造]　(9) C₆H₅COOH
(10) CH₂=CH₂
(11) C₆H₅CH=CH₂
(12) C₆H₅CH=CHC₆H₅
(13) CH₂=CH-CH₃
(14) CH₂=CH-CCl=CH₂
(15) o-C₆H₄(OH)COOH
(16) HOOC(CH₂)₄COOH

C群　(イ) ポリアミド　(ロ) 熱硬化性
(ハ) ビニロン

〔1〕A群(a)〜(j)と関係の深いものをB群(1)〜(16)より選び番号で記せ。
〔2〕C群(イ)〜(ハ)と関係の深いものをA群(a)〜(j)より選び記号で記せ。（昭和60年度　新潟大）

【解答】　I　C₁₄H₁₂O₂ の不飽和度 U=9 であるから，1分子中にベンゼン核を2個含むエステルと考えられる。FeCl₃ 溶液で呈色するから(ロ)にはフェノール性 -OH をもち，一方 KMnO₄ で酸化されて -COOH を生じることから(ロ)はクレゾールと考えられるが，o-, m-, p- のいずれかは分からない，(ハ)は安息香酸と考えられる。

(答) 〔1〕(イ) C₆H₅COOC₆H₄(CH₃)
(ロ) C₆H₄(CH₃)OH　(ハ) C₆H₅COOH
〔2〕C₆H₅COOC₆H₄(CH₃) + 2NaOH
　→ C₆H₅COONa + C₆H₄(CH₃)ONa + H₂O
〔3〕酢酸はクレゾールより酸性が強く，安息香酸よりも弱いために，クレゾールだけが遊離されベンゼンで抽出される。
〔4〕水に溶けないクレゾールをベンゼンに溶かす。
〔5〕安息香酸の溶解度を小さくして，より完全に沈殿させるため。

II〔1〕(a)—(16)　(b)—(6)　(c)—(2)　(d)—(8)　(e)—(11)
(f)—(1)　(g)—(7)　(h)—(3)　(i)—(8)　(j)—(5)
〔2〕(イ)—(a), (g)　(ロ)—(c), (f)　(ハ)—(j)

理科系特別単科ゼミ 化学

有機高分子化合物(10)
——ゴム〈その1〉——

明治薬科大講師・代々木ゼミナール講師・中央ゼミナール講師
大西　憲昇

天然ゴム

　コロンブス (C. Columbs) が第2回目のアメリカ航海の途中，1494年にハイチ島 (Haiti, 西インド諸島の1つ) に立ち寄ったとき，原住民がゴムのボールをもっているのを見つけたのが，ゴムがヨーロッパ人に知られた最初である。また，トルデシラスは，1601年に彼の著書の中で，ハイチ島の原住民のボールに，**ゴム** gum という名を与えた。このゴムは現在の天然ゴムの主要原料であるヘベア種のものではなく，グアユールというカン木性の植物からとったものである。ヘベア種のものは南米のアマゾン地方が原産地で，これを最初にみつけたのは，フランス政府からアマゾン地方の調査に派遣されたラ・コンダマン (La Condamine) で，ゴムの木であるヘベア・ブラジリエンシス (Hvea Braziliensis) をしらべ，原住民がこの木の皮に傷をつけ，それから出てくるミルク状の液体をとり，ゴムにかためて靴をつくったり，布に塗って乾かし，防水布として用いることをくわしく報告している。このミルク状の液体を**カウチューク**といい，ゴムがフランス語やドイツ語でカウチュークというのは，この原住民語に基づいている。

　1759年，パラ (Para，アマゾン河口地方) の植民地政府は，一組のゴム製品をポルトガル王に送った。この奇妙な弾力性のある物質は，当時の科学者を驚かせた。イギリスの科学者プリーストリー (J. Preestley, 1733—1804年) は，これにはじめてインディアラバーと名をつけ，消しゴムとして有用なことが報告され，「こすって消す」; rub out から**ラバー** rubber と名づけたのである。その2年後にはロンドンやパリーで消しゴムが売り出された。そして1920年ごろまでには，ゴムはコーヒーとならんでブラジルの重要な輸出品になった。

　天然ゴムがもっとも多く採れる樹木はパラゴムの木 (ヘベア・ブラジリエンシス) で，ブラジルのパラ港からゴムが輸出されたのでこの名がつけられた。パラゴムの木はトウダイグサ科ヘベア属の半落葉葉樹で，葉は濃い緑色で，花弁は黄色，種はさやに入って親指くらいの大きさである。中南米に野生し，とくにブラジルのアマゾン地方に多い。ゴムの木の幹には乳管が走っているので，特殊なナイフで幹に傷をつける（これをタッピングという）。地上1mぐらいのところから斜め下方に，とい状に，幹の約半周にわたってタッピングをし，その下端にコップをつるして出てくる乳白色の液（これをラテックスという）をためる。ラテックスは1本の木から1日に10〜30g得られる。しょう液といわれるその水溶液中に，ゴムが10Å前後の疎水性のコロイド粒子となって分散する。採りたてのラテックスの比重は0.96〜0.98で，ゴムの比重は0.91であるから，ゴム分が多いものほど比重は小さい。

　ゴムのコロイド粒子を電子顕微鏡でみると，多くは球またはそれに近い形で，大きさは 10^{-5}〜3×10^{-4} cm の直径で，液中でブラウン運動をしている。電気泳動を行うと，ゴムのコロイド粒子は陽極に向かって移動するので負コロイドであることがわかる。ラテックスは工場に集められ，ろ過してゴミを除き，一定濃度にうすめられた後，これに5%ぐらいの酢酸またはギ酸を加えて凝固させ，ゴム分を固体として取り出す。このようにして取り出したゴムでつくった製品は，弾力性があり，水にも薬品にも強く，溶剤に溶かしてゴムを引き防水布や氷枕，ボールなどがつくられた。ところが，寒くなると硬くなってひびが入り，暑くなると軟らかくなってベタつくという欠点があった。これを**加硫**（または**和流**）によって解決したのがグッドイヤーである。

　チャールズ・グッドイヤー (Charles Goodyear, 1800〜1860) は，1837年，ロックスバリーのゴム工場で働いていたとき，ゴムと硫黄の混合物を熱いストーブの上に落としたところ，高温にしても低温にしても使えるゴムができることを発見した。これが現在広く用いられている「加硫法」の発見の糸口になった。ゴムと硫黄の混合物を加熱すると，硫黄がゴムの分子の

間をつないで，そのため温度変化にも強いゴム製品ができるのである。

　1844年には加硫法の特許が成立したが，他の多くの会社から無効訴訟が出されていた。裁判の結果，グッドイヤーの勝訴となり特許が成立したのは1851年であった。しかし訴訟のため彼は私財をすべて使い果し，加硫法の工業化ができず，ヨーロッパへ渡ったが，フランスとイギリスでは特許手続きが遅れたためここでも特許は成立しなかった。その上，アメリカでは特許の無断使用が相ついだ。彼はフランスで加硫ゴムを工業化したが失敗して破産し，とうとう牢獄に入れられてしまった。1860年7月1日，彼はニューヨークで失意と貧困のうちに莫大な借金を残して死んだ。このとき彼の加硫ゴムの技術の無断使用によって，多くのゴム長者が生れていた。しかし，その後彼の子供がゴム会社を経営し発展するようになった。これが現在，世界最大のゴム製品製造会社であるグッドイヤー・タイヤ・ゴム会社の前身である。

*

　次に，天然ゴムの分子構造について述べなければならない。デューマ（A. Dumas），リービッヒ（J.F. von Liebig），ドルトン（J. Dalton）らは，19世紀のはじめにゴムの分解蒸留を行った。1826年，ファラデー（M. Faraday）は，ほとんど純粋に現在ジペンテンとして知られている油状物 $C_{10}H_{16}$ を分離した。さらに1860年，ウィリアムス（G. Williams）は沸点34.3℃の C_5H_8 を分離し，これにイソプレンという名前をつけた。1882年，チルデン（Sir W. Tilden）はこの物質に 2-メチル-1,3-ブタジエン

$$\overset{1}{CH_2}=\overset{2}{\underset{CH_3}{C}}-\overset{3}{CH}=\overset{4}{CH_2}$$

の構造式を与え，テルペンから得られたイソプレンを用いてゴム状物質を合成した。

　そこでイソプレンがいかなる結合でゴムを分子をつくっているかをしらべるため，ハリス（C.D. Harries）はオゾン分解を試みた。すなわち，ゴムをクロロホルムに溶かし，これに6％のオゾンを含む空気を通じたのである。その結果，$(C_5H_8O_3)_n$ という分子の樹脂状のオゾニドが得られ，これを水で分解すると，レビュリン・アルデヒドを主成分とする分解生成物が得られた。また，パーマー（R. Pummerer）は，1931年，ゴムの分子はイソプレンが1と4の位置で規則正しく結合した長い分子であることを発見した。

$$n\ CH_2=\underset{CH_3}{C}-CH=CH_2 \xrightarrow{\text{1,4-付加重合}}$$
$$-CH_2-\underset{CH_3}{C}=CH-CH_2-CH_2-\underset{CH_3}{C}=CH-CH_2-$$
天然ゴム

$$\xrightarrow{O_3} -CH_2-\underset{\underset{O\!-\!-\!O}{|}}{\overset{CH_3}{C}}-O-CH-CH_2-CH_2-\underset{\underset{O\!-\!-\!O}{|}}{\overset{CH_3}{C}}-O-CH-CH_2-$$
オゾニド

$$\xrightarrow{H_2O} n\ H-\underset{O}{C}-CH_2-CH_2-\underset{O}{C}-CH_3$$
レビュリン・アルデヒド

　その後，X線解析によりゴムの分子構造がさらにはっきりとわかるようになった。さらにまた，赤外線吸収スペクトルの研究によって，構造がよりはっきりした。イソプレンは単結合をはさんで2個の2重結合が存在する共役二重結合（『有機化学特講』p. 38参照）であるから，次のような4種の重合の仕方が考えられる。ただし光学異性は考えないものとする。

$$n\ CH_2=\underset{CH_3}{C}-CH=CH_2$$

シス-1,4-付加重合 → $\left(-CH_2\text{-}\overset{CH_3}{C}=\overset{H}{C}\text{-}CH_2-\right)_n$

トランス-1,4-付加重合 → $\left(-CH_2\text{-}\overset{CH_3}{C}=\overset{CH_2-}{C}\text{-}H\right)_n$

1,2-付加重合 → $\left(-CH_2\text{-}\underset{CH=CH_2}{\overset{CH_3}{C}}\text{-}\right)_n$

3,4-付加重合 → $\left(\underset{CH_3\text{-}C=CH_2}{-CH_2-CH-}\right)_n$

　ところがその後の調べで，天然ゴムの分子のほぼ97％は，シス-1,4-付加重合をし，残りは 3,4-付加重合していて，トランス-1,4-付加重合や，1,2-付加重合はしていないことがわかってきた。

　生ゴムは大きな弾性，丈夫さ，溶剤に溶かしたときの性質から見ると，いくつかの分子が分子間力（ファンデルワールス力）で会合したものではない。例えばゴムをベンゼンに溶かすと，まず溶剤を吸って膨潤したのち，徐々に溶け，その溶液は非常に粘度が高く，異常に小さい浸透圧や凝固点降下を示す。これは線状高分子化合物の特性で，スタウディンガー（H. Staudinger）によって，ゴムは高分子化合物であることが判明した。そしてゴムの希薄溶液の粘度，浸透圧の測定，超遠心分離法などによって得られたゴムの平均分子量は約300000で，イソプレンの平均重合度は約4400である。

　ゴムの一番大きな特徴は弾性である。ところが，ゴムのもつ弾性は他の固体の弾性とは異なる。第一に，わずかな力で変形がおこり，弾性の限界が非常に大きい。次にゴムを急激に引き伸ばすと発熱し，くちびるに触れると感じるほど温度が上昇し，逆に急に収縮させると冷却する。また一定の力をかけて引き伸ばしたゴムをあたためると縮む。これは気体の性質に似ている。ゴムを引き伸ばすことは，気体を圧縮するのに相

当する．すなわち，気体を急激に断熱的に圧縮すると温度が上がり，急に膨張させると温度が下がる．

すなわち，ゴムの弾性は鎖状高分子の複雑にまがった熱運動によるもので，ゴムを引き伸ばすと各部分の運動が妨げられエントロピーが減り，そのため，安定な状態へもどろうとして弾性力を生じるのである．このような弾性を**エントロピー弾性**といい，他の物質のように外から力が加えられてエネルギーが高くなり，エネルギーを低くしようとして元にもどろうとする弾性を，**エネルギー弾性**といっている．

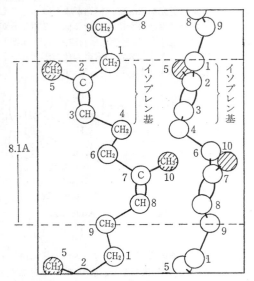

加硫によって線状のゴムの分子間が -S-S- 結合で結ばれ，その結果，分子間に橋がかかり，温度による変化が制約されて性質が改良されるのである．

［硫黄原子によって橋架けが生じたゴム分子の構造で，aは正常な状態，bは引張られた状態．］

合成ゴム

天然ゴムを加熱して分解すると，イソプレンという液体ができるが，逆にイソプレンから再びもとのゴムをつくろうという試みが行われた．1879年には，イソプレンに塩酸を加えて加熱するとゴム状のものができることがわかった．1884年に，チルデンはテレビン油の分解によってイソプレンをつくり，これを塩酸と加熱してゴム状物質を得た．そのうちイソプレンは日光にあてたり長時間放置するだけでも重合することがわかり，このようにして得られるゴム状物質も加硫することができることがわかった．20世紀に入ると，合成ゴムの製造技術は急に進歩した．

スチレン-ブタジエンゴム

$\begin{pmatrix} \text{SBR (Styrene-Butadiene Rubber)} \\ \text{GR-S (Goverment Rubber-Styrene)} \\ \text{ブナS} \end{pmatrix}$

合成ゴムの中でもっとも生産量の多いのはスチレン

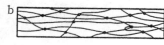

と，1,3-ブタジエン

$CH_2=CH-CH=CH_2$

を共重合させたスチレン-ブタジエンゴムである．一般に使用されているのは，スチレンを23.5％含有するものである．

$$\left[-CH_2-CH=CH-CH_2-CH-CH_2- \underset{C_6H_5}{|} \right]_n$$

大量に工業的に合成ゴムを製造するには，モノマー（単量体）を大量に生産する方法を確立することがまず大切である．

(1) 1,3-ブタジエンの合成

実験室的には種々の合成法が知られているが，工業的に安価に得る方法には次のものが用いられる．

①ブテンの脱水素

石油を熱分解して得られる 1-ブテンおよび 2-ブテンを高温，低圧で触媒を用いて脱水素して，1,3-ブタジエンを製造する．

$CH_2=CH-CH_2-CH_3 \longrightarrow CH_2=CH-CH=CH_2+H_2$
　　1-ブテン

$CH_3-CH=CH-CH_3 \longrightarrow CH_2=CH-CH=CH_2+H_2$
　　2-ブテン

温度は500～700℃，圧力は0.1～1 atm，触媒として酸化クロムで安定化したカルシウム-亜リン酸ニッケルなどが用いられる．

②ブタンの脱水素

ブタンを，600℃で触媒（クロミア-アルミナ触媒）を用いて脱水素してつくられる．

$CH_3-CH_2-CH_2-CH_3 \longrightarrow CH_2=CH-CH=CH_2+2H_2$

③アルコール法

1941～1945年に，アメリカで検討された方法では，エチルアルコールを用い次の2段階の反応で，1,3-ブタジエンを作る方法である．

$C_2H_5OH \xrightarrow{250℃} CH_3CHO+H_2$

$C_2H_5OH+CH_3CHO \xrightarrow{350℃} CH_2=CH-CH=CH_2+2H_2O$

第1の反応は，酸化クロムで活性化した銅触媒を用い，第2の反応は，シリカゲルに付着させた酸化タンタルを用いる。一方，東ヨーロッパやソ連では Al_2O_3–ZnO を触媒として，エチルアルコールから425℃で1,3-ブタジエンを合成している。

$$2C_2H_5OH \longrightarrow CH_2=CH-CH=CH_2+H_2+2H_2O$$

④レッペ (Reppe) 法

第2次世界大戦中ドイツでは，アセチレンとホルムアルデヒドを用いるレッペ法により合成した。

$$CH{\equiv}CH + 2HCHO \xrightarrow[4.5atm, 100℃]{Cu_2Cl_2} HOCH_2C{\equiv}CCH_2OH$$
アセチレン　ホルムアルデヒド　　　　　　　　　　　2-ブチン-1,4-ジオール

$$HOCH_2C{\equiv}CCH_2OH \xrightarrow[300atm, 120℃]{H_2, Cu-Ni} HO-CH_2-CH_2-CH_2-CH_2-OH$$
　　　　　　　　　　　　　　　　　　　　　　1,4-ブタンジオール

$$HO-CH_2-CH_2-CH_2-CH_2-OH \xrightarrow[1atm, 280℃]{Na_3PO_4} CH_2=CH-CH=CH_2+2H_2O$$

1,3-ブタジエンは，沸点 −5℃ の無色の気体で，共役二重結合をもち，π-電子雲の非局在化により安定であり，次の2種の構造のものの平衡混合物である。

トランス型　　　　　　シス型

しかし，トランス型が安定で，室温ではシス型は3〜7％にすぎない。

（2） スチレンの合成

エチレンとベンゼンを，Friedel-Crafts 触媒である塩化アルミニウムを用いてエチルベンゼンをつくり，これをクロミナーアルミナ，または酸化鉄を触媒として加熱して脱水素して合成させる。

スチレンは，沸点145℃ の無色の液体で，その用途は，合成ゴムおよびポリスチレン合成原料として主として用いられるが，アメリカではその28〜30％が合成ゴム製造に用いられている。

（3） スチレンと1,3-ブタジエンの共重合

モノマーに，石けんまたは界面活性剤を加えて乳化し，エマルジョンにして重合させる乳化重合法が用いられる。ポリマー中のスチレン含有量は，23.5％のものが多い。1,3-ブタジエンの部分の結合は，シス-1,4-結合が約18％，トランス-1,4-結合が65％，1,2-結合が17％である。

シス-1,4-結合

$$-CH_2-CH_2-$$

トランス-1,4-結合

$$-CH_2-CH_2-$$

1,2-結合

$$-CH_2-CH-$$
$$\quad\quad CH=CH_2$$

重合時の温度によって，2つの重合法がある。50℃で重合してつくられるものを「ホットラバー (hot rubber)」といい，5℃ で重合してつくられるものを「コールドラバー (cold rubber)」という。低温重合したコールドラバーは分子量の分布が狭く，枝分かれが少なくて，ホットラバーに比して加工性，強度などがすぐれているので現在では約80％が低温でつくられている。スチレンと1,3-ブタジエンを共重合させただけでは強度はなく，うすくして引張ると伸びて簡単にちぎれる。そこで加硫し，これにカーボンブラックやシリカで補強する。このようにしてできた合成ゴムは耐老化性，耐熱性，耐摩耗性がすぐれ，他のゴムとよく混じり，価格が安いので，主として自動車（乗用車，小型トラック等あまり強度を必要としない車）のタイヤにその約80％が用いられ，そのほかフォームラバー，はきもの，ベルト，ホース，スポンジなどに用いられる。スチレンの含量が50〜90％のものはハイスチレンゴムと呼ばれ，強度を落とさずゴムの硬さを増す場合に用いられる。

アクリロニトリル-ブタジエンゴム

$$\begin{bmatrix} NBR\ (Acrylonitrile\text{-}Butadiene\ Rubber) \\ ブナN，ニトリルゴム \end{bmatrix}$$

アクリロニトリル $CH_2=CHCN$ と 1,3-ブタジエンの共重合体である合成ゴム NBR は1930年代に，はじめドイツで工業化が検討され，Buna N と呼ば

$$\begin{bmatrix} -CH_2-CH=CH-CH_2-CH_2-CH- \\ \quad\quad\quad\quad\quad\quad\quad\quad\quad CN \end{bmatrix}_n$$

れた。ブナNは耐油性が特にすぐれているゴムとして成長してきた。アクリロニトリル $CH_2=CHCN$ は分子量53.06，比重0.8060 (20℃)，沸点78.5℃の有毒な液体で，その製法は既に述べたように，アセチレン，エチレンを原料としてつくられる。また現在では，石油のクラッキングで得られるプロピレンを原料として，ソハイオ法 (Sohio 法) などによってもつくられる。アクリロニトリルと1,3-ブタジエンの共重合は乳化重合が行われ，アクリロニトリルを20〜40％含むものがつくられている。SBR が自動車や自転車のタイヤや各種工業品など天然ゴムと似た用途に用いられるのに対し，NBR は耐油性を活かしたものが多い。したがって，ホース，印刷用ロール，パッキング，オイルシール，靴底，自動車部品などに使用される。また，アクリロニトリルが大きい極性をもつため，接着性があり，塩化ビニル樹脂フィルムや金属の接着剤としても用いられる。また塩化ビニル樹脂と混合するとオゾンに強くなる。一方NBR の欠点は弾性が小さく，まげると亀裂が入りやすいこと，電気抵抗性が小さく，加工性が悪いことである。

理科系特別単科ゼミ 化学

有機高分子化合物(11)
——ゴム〈その2〉と問題——

明治薬科大講師・代々木ゼミナール講師・中央ゼミナール講師
大西　憲昇

クロロプレンゴム

CR (Chloroprene Rubber)
ネオプレン, GR-M, ソブプレン

クロロプレンゴムは最初に工業的に成功した合成ゴムである。これは耐油性，耐炎性，耐老化性，耐薬品性などにすぐれ，クロロプレン，すなわち 2-クロロ-1,3-ブタジエンの重合体である。

$$CH_2=\underset{Cl}{C}-CH=CH_2 \xrightarrow{重合} (-CH_2-\underset{Cl}{C}=CH-CH_2-)_n$$
クロロプレン

　クロロプレン (2-クロロ-1,3-ブタジエン) は，1930年，カローザス（第1回参照）とコリンズ (A. M. Collins) によって発見された融点-130℃，沸点59.4℃，比重0.96の無色のエーテル臭をもつ反応性に富んだ液体である。水に僅かに溶け，有機溶媒によく溶け，空気中に体積%で2.5〜12%含まれると爆発する。また引火性で，空気中で酸化されて，二量体，過酸化物，重合体を生じるから，窒素中，重合禁止剤を加え，冷暗所で貯蔵する。次にその合成法を示す。

(1) アセチレン法

　アセチレンを，塩化銅(I)と塩化アンモニウムを触媒として70℃で重合させて，ビニルアセチレンをつくる。（『有機化学特講』p.37 参照）

$$2CH\equiv CH \xrightarrow[70℃]{Cu_2Cl_2,\ NH_4Cl} CH\equiv C-CH=CH_2$$
ビニルアセチレン

　このとき，アセチレン3分子が重合してジビニルアセチレン $CH_2=CH-C\equiv C-CH=CH_2$ を副生するが，これは衝撃や加熱によって爆発する。また空気中に放置すると，酸素を吸収して爆発性の固体になる。ビニルアセチレンに塩酸を付加させてクロロプレンが得られる。

$$CH\equiv C-CH=CH_2 \xrightarrow[\substack{20〜50℃ \\ CuCl_2,\ NH_4Cl}]{HCl} CH_2=\underset{Cl}{C}-CH=CH_2$$

クロロプレンは，100〜300 mmHg で減圧蒸留して精製する。

(2) ブタジエン法

1,3-ブタジエンに塩素を付加させると，1,4-付加と 1,2-付加が行われる。（『有機化学特講』p.40参照）

$$CH_2=CH-CH=CH_2 \xrightarrow[260〜300℃]{Cl_2}$$

$$\underset{Cl}{CH_2}-CH=CH-\underset{Cl}{CH_2} + \underset{Cl}{CH_2}-\underset{Cl}{CH}-CH=CH_2$$
　　　　60%　　　　　　　　　40%

1,4-付加した1,4-ジクロロ-2-ブテンは，塩化銅(I)と銅を触媒として加熱し異性化させて，3,4-ジクロロ-1-ブテンにする。

$$\underset{Cl}{CH_2}-CH=CH-\underset{Cl}{CH_2} \xrightarrow[130〜145℃]{Cu_2Cl_2,\ Cu} \underset{Cl}{CH_2}-\underset{Cl}{CH}-CH=CH_2$$

これをアルカリ水溶液中を通して脱 HCl してつくられる。

$$\underset{Cl}{CH_2}-\underset{Cl}{CH}-CH=CH_2 \xrightarrow[80℃]{NaOH} CH_2=\underset{Cl}{C}-CH=CH_2$$

(3) その他の方法

　1,3-ブタジエンとブテンの混合物を塩素化し，3,4-ジクロロ-1-ブテンをえてつくったり，ブタン，ブテン，1,3-ブタジエンと，それらの塩素化物よりつくったり，プロピレンとクロロホルムまたはホルムアルデヒドなどよりつくる方法も知られている。

　クロロプレンは，乳化重合させてクロロプレンゴムをつくる。このとき次の4種の重合が行われる（次ページ）。

　約40℃で重合して得られた%を右横に示す。そして低温になればなるほど，トランス-1,4-付加重合体の割合が増加する。

上部の反応式：

$$n \ CH_2=C(Cl)-CH=CH_2$$

- シス-1,4-付加重合 → $\left(\begin{array}{c} Cl \quad H \\ C=C \\ -CH_2 \quad CH_2- \end{array} \right)_n$ 7〜11%
- トランス-1,4-付加重合 → $\left(\begin{array}{c} Cl \quad CH_2- \\ C=C \\ -CH_2 \quad H \end{array} \right)_n$ 81〜96%
- 1,2-付加重合 → $\left(\begin{array}{c} Cl \\ -CH_2-C- \\ CH=CH_2 \end{array} \right)_n$ 1〜2%
- 3,4-付加重合 → $\left(\begin{array}{c} -CH_2-CH- \\ Cl-C=CH_2 \end{array} \right)_n$ 1〜2%

【問題】

右の反応式はビニロン, 生ゴム, セルロースおよびポリペプチドの生成過程, または単量体との構造の関係を簡単に示したものである。これを見て下の問に答えよ。

$$H-C\equiv C-H \xrightarrow[(1)]{CH_3COOH} CH_2=CH(OCOCH_3) \xrightarrow{(2)} \cdots-CH_2-CH(OCOCH_3)-CH_2-CH(OCOCH_3)-CH_2-CH(OCOCH_3)\cdots$$

(A)　　　　　　　(B)　　　ポリ酢酸ビニル

$$\xrightarrow{(3)} \cdots-CH_2-CH(OH)-CH_2-CH(OH)-CH_2-CH(OH)\cdots \xrightarrow{HCHO} \cdots CH_2-CH(OH)-CH_2-CH- \cdots$$

(C)　　　　　　　ビニロン

(D) イソプレン $\xrightarrow{(2)}$ 生ゴムの主な構造

(E) β-ブドウ糖 $\xrightarrow{(5)}$ セルロース

$$H_2N-C(R_1)(H)-C(=O)-OH + H_2N-C(R_2)(H)-C(=O)-OH + H_2N-C(R_3)(H)-C(=O)-OH + \cdots \xrightarrow{(5)} ポリペプチド$$

(F)

問1　物質(A), (B)……(F)の名を記せ。ただし(F)はその種類の総称でよい。

問2　(1)および(3)のような反応をそれぞれ何と言うか。

問3　(2)と(5)は重合反応であるが, それぞれの反応の名称を書き, その相違点を簡単に述べよ。

問4　(4)の反応はホルマリンを作用させ, 熱処理を行うことによって水がとれ, 長い鎖の中に環状の部分ができるものである。□□□の中を補いビニロンの分子式を完成せよ。

問5　セルロースと類似の構造を持つ高分子化合物と, ポリペプチド構造の化合物の具体的な名をひとつずつあげよ。

（昭和58年　新潟大）

【解答】

問1　(A)アセチレン　(B)酢酸ビニル　(C)ポリビニルアルコール　(D)イソプレン（2-メチル-1,3-ブタジエン）　(E)β-ブドウ糖（β-グルコース）　(F)α-アミノ酸

問2　(1)付加反応　　(3)加水分解

問3　(2)付加重合　　(5)縮（合）重合

問4　O-CH_2-O

問5　デンプン, タンパク質

【問題】

(1) 次の文の空欄 (1)□□□ から (10)□□□ に適当な語句を記入せよ。

(2) 次の文の空欄 (A)□□□ にふさわしい文章を100字以内で作れ。このとき次のことばをすべて使用すること。〔「炭素」「原子価」「共有結合」「骨格」「鎖状」「環状」〕

大部分の炭素化合物は有機化合物といわれ, その構造の基本は炭素と炭素の結合であり, いわゆる「炭素骨格」に炭素以外の原子が結合している。例えば, (1)□□□ とエチレングリコール分子は2個の炭素原子でできた骨格を持ち, いずれの化合物も炭素骨格には水素原子と (2)□□□ 原子が結合している。有機化合物は非常に複雑な構造をとることができ, その種類も非常に多数である。その理由は, (A)□□□。

分子量の非常に大きな化合物は高分子化合物とよばれ，その中には長い鎖状の骨格を持つものが含まれている。(3)□やそれに似た構造の単量体化合物の付加重合によって合成される合成ゴムの分子の骨格は(4)□原子のみでつくられている。しかし合成高分子化合物でも，ナイロン分子の骨格には炭素原子のほかに(5)□原子が含まれている。高分子化合物は生物によっても合成される。多糖類である(6)□やセルロースの分子は単糖類である(7)□が縮合重合したかたちをしていて，その骨格には炭素原子のほかに(8)□原子が含まれている。またタンパク質の分子は(9)□が縮合重合したかたちをしていて，その骨格には炭素原子のほかに(10)□原子が含まれている。

（昭和58年　信州大）

【解答】(1)エタノール　(2)酸素　(3)1,3-ブタジエン　(4)炭素　(5)窒素　(6)デンプン　(7)ブドウ糖（グルコース）　(8)酸素　(9)α-アミノ酸　(10)窒素
(A)原子価が4の炭素原子は共有結合で互いに結合して鎖状または環状の骨格をつくり，これに多くの原子または原子団が結合し，各種の異性体をつくる。また重合して種々の高分子化合物をつくるからである。

【問題】窒素を10.5%含むアクリロニトリル-ブタジエンゴムを120トン生産したい。何トンのブタジエンが必要であるか。ただし，ブタジエンから製品への収率は100%とし，解答は小数点以下を4捨5入せよ。

（昭和58年　東工大）

【解答】ブタジエン $CH_2=CH-CH=CH_2(=54)$ x mol とアクリロニトリル $CH_2=CH-CN(=53)$ y mol 必要であるとすると，題意により

$$54x+53y=120\times 10^6$$
$$\frac{14y}{54x+53y}=\frac{10.5}{100}$$

より $x=1.34\times 10^6$　$y=0.9\times 10^6$ となる。したがって必要なブタジエンは

$$1.34\times 10^6\times 54=72.3\times 10^6(g)$$

（答）72.3トン

【問題】問1　クロロプレンはイソプレンと類似の構造を持ち，合成ゴムの原料として使われる。

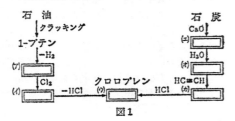

図1

クロロプレンの2つの一般的な合成経路が図1に示してある。空欄(ア)〜(カ)に最も適した化合物の示性式を記入せよ。

問2　クロロプレンの付加重合によって生成する鎖状重合体の構造として，反応したクロロプレンを繰り返しの単位として表すと，4つの基本的な構造を考えることができる。それらの構造を，次のブタジエンの重合体の構造の例にならって示せ。

例：$\{CH_2\underset{H}{\overset{}{C}}=\underset{H}{\overset{}{C}}CH_2\}_n$

（昭和58年　京大）

【解答】問1　石油をクラッキング（熱分解）して，1-ブテンをつくり，これを更に加熱して脱水素して1,3-ブタジエンとし，これに塩素を付加させると，既に述べたように，1,4-付加と1,2-付加がおこる。また，1,4-付加した1,4-ジクロロ-2-ブテンは，更に触媒とともに加熱して3,4-ジクロロ-1-ブテンになる。これをアルカリで脱HClしてクロロプレンとする。また一方，石炭と酸化カルシウムを約2500℃に加熱してカルシウムカーバイドとし，

$$CaO+3C \longrightarrow CaC_2+CO$$

これに水を作用させてアセチレンをつくる。

$$CaC_2+2H_2O \longrightarrow CH\equiv CH+Ca(OH)_2$$

アセチレンを重合させビニルアセチレンとし，これにHClを付加させてクロロプレンをつくる。
（答）(ア) $CH_2=CH-CH=CH_2$
(イ) $CH_2-CH-CH=CH_2$ ，(ウ) $CH_2=C-CH=CH_2$
　　　　 | 　　|　　　　　　　　　　　 |
　　　　Cl Cl　　　　　　　　　　　　Cl
(エ) CaC_2　(オ) $CH\equiv CH$　(カ) $CH\equiv C-CH_2$

問2
$\{CH_2\underset{CH_2}{\overset{Cl}{C}}=\underset{}{\overset{H}{C}}\}_n$ 　$\{\underset{CH_2}{\overset{Cl}{C}}=\underset{H}{\overset{CH_2}{C}}\}_n$

$\{CH_2-CCl\}_n$　$\{CH_2-CH\}_n$
　　|　　　　　　　　　|
　CH=CH_2　　　　 Cl-C=CH_2

【問題】次の文中の(a)(　)〜(h)(　)のそれぞれに最も適した語句または記号を記せ。
　合成繊維として知られているナイロン-6は，$(C_6H_{11}NO)_n$の組成をもつが，これは示性式(a)(　)で表わされる分子の間で水のとれる縮合反応が繰り返しおこってできた形をしており，構造単位（構造の繰り返し単位）間のつながりの部分は示性式(b)(　)で表わされ(c)(　)結合と呼ばれる。タンパク質も同じく多数の(d)(　)が縮合してできた形をしており，この場合のつながりの部分も(c)(　)結合である。ただ，タンパク質の場合の(c)(　)結合は特に(e)(　)結合と呼ばれる。またポリエチレンはエチレンの付加重合によって作られるが，この種の高分子化合物としてはほかに，構造単位の示性式が(f)(　)であるポリ

塩化ビニルなどが知られている。$(C_5H_8)_n$ の組成をもつ天然ゴムも，化学構造だけからみれば，これらと同じ付加重合物であるとみなすことができる。事実，天然ゴムを加熱すると C_5H_8 の分子式をもつ炭化水素が得られるが，この化合物は (g)（　）の構造式で表わされ (h)（　）と呼ばれる。石油化学工業ではこの (h)（　）を合成して付加重合させ，天然ゴムとほとんど変わらない合成ゴムを作っている。

（昭和56年　京都工芸繊維大学）

【解答】　(a) $H_2N-CH_2-CH_2-CH_2-CH_2-CH_2-COOH$
(b) $-CO-NH-$　(c) 酸アミド　(d) α-アミノ酸
(e) ペプチド　(f) $-CH_2-CH-$
$\qquad\qquad\qquad\qquad\quad$ $|$
$\qquad\qquad\qquad\qquad\quad$ Cl

(g)（構造式）　(h) イソプレン

【問題】　次の文中の□□□に入れる最も適切な語句を下の欄から選び，その記号を記入せよ。

天然ゴムはイソプレンの重合体である。それは分子内に 1□□□ を残しており，ゴムの分子は 1□□□ に関して 2□□□ の構造をとっている。したがって分子鎖がまるまった構造をとりやすく，3□□□ しにくい，そして 4□□□ したゴムをひっぱると，5□□□ が破壊されない範囲で分子が伸びた構造をとることができる。常温でゴムがよく伸び，また弾性に富むのは，このような分子の構造からくるのである。

(イ) 加水分解　(ロ) 酸化　(ハ) 結晶化
(ニ) 加硫　(ホ) 重合　(ヘ) けん化　(ト) ペプチド結合　(チ) 二重結合　(リ) 水素結合
(ヌ) 架橋結合　(ル) オルト　(ヲ) メタ
(ワ) パラ　(カ) シス形　(ヨ) トランス形
(タ) ベンゼン環

（昭和53年　名大）

【解答】　天然ゴムはイソプレンが 主として シス-1,4-付加重合したもので，二重結合を有し，加硫して強度，弾性，耐久性などが大きくなる。
（答）　1―(チ)　2―(カ)　3―(ハ)　4―(ニ)　5―(ヌ)

【問題】　次にあげる高分子化合物(イ)～(ヘ)について，下記の問(1)～(3)に答えよ。
(イ) シリカゲル　(ロ) セルロース
(ハ) タンパク質　(ニ) 生ゴム
(ホ) ナイロン 6,6　(ヘ) 尿素樹脂
(1) これらの高分子化合物を構成する単量体，ないしは構成単位となる物質の名称を書け。三種類以上存在する場合は一般名で記せ。
(2) (ロ)，(ハ)，(ホ)について，それらの単量体間の結

合の名称を記せ。
(3) (ニ)について，その単量体の重合反応を化学式で示せ。

（昭和57年　静岡大学）

【解答】　(1) (イ) 二酸化ケイ素　(ロ) β-ブドウ糖（β-グルコース）　(ハ) α-アミノ酸　(ニ) イソプレン
(ホ) アジピン酸とヘキサメチレンジアミン　(ヘ) 尿素とホルムアルデヒド
(2) (ロ) エーテル結合　(ハ) ペプチド結合（酸アミド結合）　(ホ) 酸アミド結合

(3) $\qquad\qquad\quad CH_3 \qquad\qquad\qquad\quad CH_3$
$n\ CH_2=C-CH=CH_2 \longrightarrow (-CH_2-C=CH-CH_2-)_n$

【問題】　高分子化合物は天然高分子化合物と合成高分子化合物に大別される。また，高分子化合物は一般に特定の低分子の構造単位，すなわち単量体(モノマー)が重合して生じたものとみなすことができるので，その重合の型によって縮合重合体と付加重合体にも大別される。そこでA欄に記す高分子化合物について，B欄の各問いに答えよ。問い1～11の答は，かっこ内に指定された数だけを，(ア)，(イ)，(ウ)……の記号で記入せよ。

〔A欄〕
(ア) ナイロン66　(イ) ポリアクリロニトリル
(ウ) セルロース　(エ) ポリ塩化ビニル
(オ) 生ゴム　(カ) ポリエチレンテレフタレート
(キ) ポリスチレン　(ク) タンパク質
(ケ) メタクリル樹脂　(コ) ポリクロロプレン

〔B欄〕
1　天然高分子化合物で縮合重合体に属するものはどれか。（2つ）
2　天然高分子化合物で付加重合体に属するものはどれか。（1つ）
3　合成高分子化合物で縮合重合体に属するものはどれか。（2つ）
4　合成高分子化合物で付加重合体に属するもののうち，合成繊維をつくるのに利用されるものはどれか。（2つ）
5　炭素原子と水素原子のみで構成されているものはどれか。（2つ）
6　次に記す部分化学構造が含まれるものはどれか。

(a) $-\overset{|}{\underset{|}{C}}-O-\overset{|}{\underset{|}{C}}-$（1つ）

(b) $-\overset{|}{C}-O-\overset{|}{\underset{|}{C}}-$（2つ）　(c) $-\overset{|}{C}-\overset{|}{\underset{|}{N}}-$（2つ）
$\qquad \underset{O}{\|} \qquad\qquad\qquad\qquad \underset{O}{\|}\ \underset{H}{|}$

(d) $-\overset{|}{C}-C=C-\overset{|}{\underset{|}{C}}-$（2つ）

7　単量体が両性を示すものはどれか。（1つ）
8　単量体がアセチレンとシアン化水素の付加

(65)

反応によってつくられるものはどれか。（1つ）

9 単量体がビニルアセチレンと塩化水素の付加反応によってつくられるものはどれか。（1つ）

10 単量体に水素を付加するとエチルベンゼンを生ずるものはどれか。（1つ）

11 単量体に水素を付加するとクロロエタンを生ずるものはどれか。（1つ）

12 A欄の高分子化合物のうち，付加重合体に属するものの単量体について，付加重合を可能にする共通の部分構造はなにか。その化学構造を問い6に記したような方式で書け。

（昭和59年 京都工芸繊維大学）

【解答】 1—(ウ), (ク)　2—(オ)　3—(ア), (カ)
4—(イ), (エ)　5—(オ), (キ)　6—(a)—(ウ) (b)—(カ), (ケ)
(c)—(ア), (ク) (d)—(オ), (コ)　7—(ク)　8—(イ)　9—(コ)
10—(キ)　11—(エ)　12　$\diagup$C=C$\diagdown$

【問題】 〔Ⅰ〕 つぎの(1)～(5)の各文章は，それぞれ，ある天然または合成有機高分子化合物 A，B，C，D，Eの特長を述べたものであるが，□□□内に適当な語句を入れて完全な文章にせよ。

(1) Aは熱を加えると可塑性を失う□□□樹脂の1つで，ベークライトの名がある。

(2) Bは水溶液中では，陽イオンと陰イオンとを分子中にもった□□□の形で存在する。

(3) Cは分子中にアセタール化されないで残った□□□基が存在するため，適当な吸湿性をもった合成繊維である。

(4) Dは結晶化しにくい透明な物質なので□□□ともよばれ，ガラスの代わりに用いられる。

(5) Eは30～40％の硫黄を加えて長時間加熱処理すると，□□□とよばれる硬い物質がえられる。

〔Ⅱ〕 〔Ⅰ〕の各文章に相当する高分子化合物A～Eについて，次の問の答を記入せよ。

(1) Aの構成単位の物質2種の構造式

(2) Bの物質名と，構成単位の物質名

(3) Cの物質名と，Cの原料となるエステルの示性式

(4) Dの物質名と，構成単位の物質の分子量

(5) Eの物質名と，構成単位の物質の示性式

（昭和56年 京府医大）

【解答】 〔Ⅰ〕 (1)熱硬化性　(2)両性イオン　(3)水酸
(4)有機ガラス　(5)エボナイト
〔Ⅱ〕 (1) （図） (2)タンパク質，α-アミノ酸

(3)ビニロン，$CH_3COOCH=CH_2$

(4)メタクリル酸樹脂，100

(5)天然ゴム　$\begin{matrix}CH_3\\|\\CH_2=C-CH=CH_2\end{matrix}$

【問題】 次の事項に相当する物質（A～M）を下の化合物群から選び記号（ア～ヌ）で答えよ。

(1) Aを完全に燃焼させるとき生じる二酸化炭素と水のモル比は7対3である。

(2) 炭化カルシウム（カーバイド）に水を作用させるとBが発生する。BとCは炭化水素であり，水素で還元すると，いずれもDになる。

(3) EとFは異性体である。Eは水酸化ナトリウム水溶液と反応してGを含む混合物を生じる。Gは温和に酸化するとHになり，Hはフェーリング溶液を加えると赤色の沈殿を生じる。

(4) Iを濃硝酸と濃硫酸の混合物と反応させるとJが生じる。さらに，Jはスズと塩酸で還元するとKになる。

(5) L，Mの重合体はそれぞれ生ゴム，ナイロン6である。

化合物群　ア $CH_3-\overset{\overset{O}{\|}}{C}-H$　イ CH_3-CH_3

ウ （ベンゼン環）$-\overset{\overset{O}{\|}}{C}-OH$　エ CH_3-CH_2-OH

オ （ベンゼン環）$-CH=CH_2$　カ （ベンゼン環）

キ $H_2C<\overset{CH_2-CH_2}{\underset{CH_2-CH_2}{}}>CH_2$

ク $CH_3-\overset{\overset{O}{\|}}{C}-O-CH_2-CH_3$　ケ （ベンゼン環）$-CH_3$

コ $CH_2=CH-CN$

サ $CH_3-CH_2-O-CH_2-CH_3$　シ （ベンゼン環）NH_2

ス $\begin{matrix}CH_3\\O_2N\diagup\diagdown NO_2\\|\\NO_2\end{matrix}$（ベンゼン環）　セ $CH_3-CH_2-CH_2-OH$

ソ $CH_2=\overset{\overset{}{}}{C}-CH=CH_2$ （CH_3）

タ （ベンゼン環）$-SO_3H$　チ （ベンゼン環）$-NO_2$

ツ $CH_3-CH_2-\overset{\overset{O}{\|}}{C}-O-CH_3$　テ $\overset{H}{\underset{H}{}}>C=C<\overset{H}{\underset{H}{}}$

ト $H_2C<\overset{CH_2-CH_2}{\underset{CH_2-CH_2}{}}\overset{C=O}{\underset{NH}{}}$　ナ $CH_3-\overset{\overset{O}{\|}}{C}-OH$

ニ $H-C≡C-H$　ヌ $CH_3-CH_2-\overset{\overset{O}{\|}}{C}-H$

（昭和60年 筑波大）

【解答】 A—ウ　B—ニ　C—テ　D—イ　E—ク
F—ツ　G—エ　H—ア　I—カ　J—チ　K—シ
L—ソ　M—ト

【問題】 次の文について以下の各問に答えよ。

化学者は，いろいろな天然高分子化合物にヒントを得て，数多くの高分子化合物を合成し人間社会に役立てている。

絹に似た合成繊維である①ナイロン66はアジピン酸と ア□□□ の イ□□ 重合で合成されたもので，絹と同じように ウ□□ 結合をもっている。ナイロン66の合成に用いるこれらの原料は，どちらもベンゼンからフェノールを経て合成できる。しわになりにくい合成繊維である②ポリエチレンテレフタレートは エ□□ 結合をもち，テレフタル酸ジメチルと オ□□ を イ□□ 重合させて得られる。原料のテレフタル酸ジメチルは炭化水素である カ□□ を酸化してテレフタル酸としたのち，酸を触媒として キ□□ で エ□□ 化して合成される。

天然ゴムは ク□□ が ケ□□ 重合した構造をもつ高分子化合物であるが，今では ク□□ と似た構造をもつ③クロロプレンやブタジエンを原料にして，天然ゴムよりもすぐれた性質をもつ合成ゴムがつくられている。

これらの直鎖状の高分子化合物のほかにも，フェノールと コ□□ から得られるフェノール樹脂のように，網状の構造をもつ高分子化合物も数多く合成され，それぞれの特徴を生かして利用されている。

問1　空欄(ア〜コ)にあてはまる語句または物質名を記せ。

問2　化合物①〜③の構造式を書け。

問3　ベンゼンからフェノールを合成する方法の一つを例にならって化学反応式で示せ。

例　$CH_3CH_2OH \xrightarrow[160\sim170℃]{H_2SO_4} CH_2{=}CH_2$

$\xrightarrow{Br_2} CH_2Br{-}CH_2Br$

問4　ベンゼン100gから計算上何gのナイロン66ができるか。ただし，原子量は H＝1，C＝12，N＝14，O＝16とする。

問5　直鎖状の高分子化合物と網状の高分子化合物では，一般にそれらの性質にどのような違いがあるか，簡潔に記せ。

（昭和60年　阪大）

【解答】　問1 ア―ヘキサメチレンジアミン，イ―縮（合）　ウ―酸アミド　エ―エステル　オ―エチレングリコール　カ―p-キシレン　キ―メタノール　ク―イソプレン　ケ―付加　コ―ホルムアルデヒド

問2

① $H{-}O{-}\overset{O}{\underset{}{C}}{-}C{-}C{-}C{-}C{-}N{-}C{-}C{-}C{-}C{-}C{-}C{-}N{\Big]_n}H$

② $H{-}O\left[\overset{O}{C}{-}\bigcirc{-}\overset{O}{C}{-}O{-}C{-}C\right]_n H$

③
$\begin{array}{c}H{-}C{=}C{-}Cl \\ H \quad C{=}C{-}H \\ H \quad H\end{array}$

問3　次の5つの方法の中の1つをかけばよい。（『有機化学特講』P147参照）

(1) Daw法

$\bigcirc \xrightarrow[AlCl_3]{Cl_2} \bigcirc{-}Cl \xrightarrow[300℃加圧]{NaOH} \bigcirc{-}ONa \xrightarrow{H^+} \bigcirc{-}OH$

(2) Rashig法

$\bigcirc \xrightarrow[AlCl_3]{Cl_2} \bigcirc{-}Cl \xrightarrow[400℃,\ Cu]{水蒸気} \bigcirc{-}OH$

(3) ジアゾニウム塩の加水分解

$\bigcirc \xrightarrow[H_2SO_4]{HNO_3} \bigcirc{-}NO_2 \xrightarrow{Sn,\ HCl} \bigcirc{-}NH_2 \xrightarrow[HCl,5℃以下]{NaNO_2}$

$\bigcirc{-}N_2Cl \xrightarrow[加熱]{H_2O} \bigcirc{-}OH + N_2 + HCl$

(4) スルホン酸のアルカリ融解

$\bigcirc \xrightarrow{H_2SO_4} \bigcirc{-}SO_3H \xrightarrow[融解]{NaOH} \bigcirc{-}ONa \xrightarrow{H^+} \bigcirc{-}OH$

(5) クメン法

$\bigcirc \xrightarrow[90\% H_2SO_4]{CH_2{=}CH{-}CH_3} \bigcirc{-}CH\overset{CH_3}{\underset{CH_3}{}} \xrightarrow[O_2]{乳化} \bigcirc{-}\overset{CH_3}{\underset{CH_3}{C}}{-}O{-}OH$

$\xrightarrow[加熱]{10\% H_2SO_4} \bigcirc{-}OH + CH_3COCH_3$

問4

$2n\bigcirc \begin{array}{l} n\ HOOC{-}(CH_2)_4{-}COOH \\ n\ H_2N{-}(CH_2)_6{-}NH_2 \end{array} \longrightarrow$

$2n\times 78$

$\longrightarrow ({-}CO{-}(CH_2)_4{-}CONH{-}(CH_2)_6{-}NH{-})n$

$226n$

$2n\times78$ g のベンゼンから$226n$ g のナイロン66ができるから，100gのベンゼンからは，

$$\frac{226n\times100}{2n\times78}=144.9 (g)$$

（答）　145 g

問5　直鎖状高分子化合物は熱可塑性で網状高分子化合物は熱硬化性である。

【問題】 つぎにあげた(イ)〜(チ)の物質はそれぞれ，ポリテトラフルオロエチレン，6,6-ナイロン，ポリスチレン，フェノール樹脂，天然ゴム，尿素樹脂，ポリエチレン，ポリグルタミン酸などの高分子化合物の単量体である。問(1〜5)に答えよ。

(イ)　テトラフルオロエチレン

(ロ)　アジピン酸　　(ハ)　スチレン

(ニ)　フェノール　　(ホ)　イソプレン

(ヘ)　尿素　　(ト)　エチレン　　(チ)　グルタミン酸

問1　(イ)～(チ)の単量体からそれぞれの高分子化合物を得る化学反応は二種類に大別できる。その反応名を記し，(イ)～(チ)はどちらの化学反応で高分子化合物になるのか分類し(イ)～(チ)で示せ。

問2　(ニ)および(ヘ)を原料とした高分子化合物と，(イ)～(チ)のうちのその他の物質を原料とした高分子化合物の構造上の相違点を記せ。

問3　(ホ)から得られる高分子化合物の構造式を記せ（解答例：(ト)の場合には(-CH₂-CH₂-)ₙ と記す）。またこの高分子化合物はある化学操作により実用に耐える物質となるが，その操作とは何か。またその操作を行う理由を記せ。

問4　(ハ)より得られた高分子化合物に濃硫酸を作用させて得られる物質の構造を問3の解答例にならって記せ。またこの物質がさらにジビニルベンゼンで架橋された高分子化合物はどのような目的に使われているか。

問5　(チ)より得られる高分子化合物は他の物質((イ)～(ト))から得られる高分子化合物と異なった特徴をもつ。それは何か。

（昭和60年　札幌医大）

【解答】　問1　付加重合：(イ), (ハ), (ホ), (ト)

縮(合)重合：(ロ), (ニ), (ヘ), (チ)

問2　(ニ), (ヘ)を原料とした高分子化合物は三次元的網目構造をもち熱硬化性で，その他を原料としたものは糸状の長い鎖状構造をもち熱可塑性である。

問3　$\left(\text{-CH}_2\text{-C=CH-CH}_2\text{-} \atop \text{CH}_3 \right)_n$，加硫。分子内の二重結合が開いて硫黄と結合して架橋ができ，対熱性になり弾性を増加する。

問4　$\text{-CH-CH}_2\text{-}$，陽イオン交換樹脂として使用される。

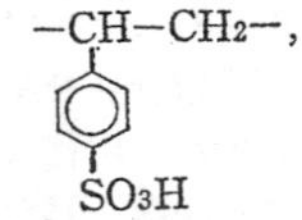

SO₃H

問5　(チ)より得られる高分子化合物，ポリグルタミン酸は，ポリペプチドで，水，アルカリに易溶で，有機溶媒に不溶である。

$\left(\text{-HN-CH-CO-} \right)_n$　ポリグルタミン酸
（COOH, (CH₂)₂）

および　$\left(\text{-CO-CH}_2\text{-CH}_2\text{-CH-NH-} \right)_n$
（COOH）

主として後者の形をしているといわれていて，-COOHを多くもつため，水溶性であり，アルカリによく溶ける。

有機高分子化合物(12)
──イオン交換樹脂──

明治薬科大講師・代々木ゼミナール講師・中央ゼミナール講師
大西 憲昇

イオン交換樹脂

　水に不溶のイオン性の固体を電解質の溶液に触れさせておくと，固体内のイオンと溶液中のイオンの入れ換わる現象を**イオン交換**といい，その固体を**イオン交換体**という。イオン交換体には，無機性のものと有機性のものがある。無機質イオン交換体をゼオライト(zeolite)ということがある。主成分は Na, Al, Si であり，熱を加えると水分が蒸発してふくれあがるので「沸騰する石」というギリシア語からゼオライトと名づけられ，天然物としてはフッ石およびそれに類似した鉱物がある。

　合成ゼオライトは，$Na_2Al_2Si_3O_{10} \cdot xH_2O$ という組成をもち，これに硬水を通すと硬水中の Ca^{2+} や Mg^{2+} は除かれて軟水に変わる。これは硬水中の Ca^{2+} や Mg^{2+} とゼオライトの中の Na^+ がイオン交換したからである。自然界では，いろいろな鉱物がイオン交換体として作用している。これに対しイオン交換能力の大きい有機イオン交換体である**イオン交換樹脂**(ion exchange resin)が合成され，現在ではゼオライトは「分子ふるい」として用いられる程度でもっぱらイオン交換樹脂が用いられる。

　いままで述べた合成樹脂が，その可塑性などの物理的性質を利用し，その最終製品が，合成繊維やプラスチックなどであるのに対して，イオン交換樹脂はその化学的性質を利用する目的でつくられた高分子化合物である。

　1935年，イギリスのアダムスとホームズは一種のフェノール樹脂が金属イオンのような陽イオンを吸着することを，またアミンとホルムアルデヒドの縮合物が塩化物イオンや硫酸イオンのような陰イオンを吸着することを発見した。これが，イオン交換樹脂の始めである。イオン交換樹脂が今日のように発展したのは，1945年のダレリオの研究に負うところが多い。彼はスチレンとジビニルベンゼンを共重合させて不溶性の架橋したポリスチレンをつくり，これを硫酸でスルホン化して陽イオン交換樹脂をつくった。

　一方，スルホン化のかわりにクロロメチルエーテルを作用させてアミン処理するとアンモニウム基が結合した陰イオン交換樹脂ができる。またスチレンのかわりにメタクリル酸をジビニルベンゼンと共重合させて無色のイオン交換樹脂ができる，などが次々とわかってきた。そこでこのイオン交換樹脂について次にもっと詳しく述べてみよう。

　　　　　　　　　　＊

　まずイオン交換樹脂の母体は，スチレンとジビニルベンゼンの共重合体が大半を占めている。ジビニルベンゼン(DVB)は橋かけ剤として用いられるが，それには次の3つの異性体がある。

o-DVB　　　　m-DVB　　　　p-DVB

このうち o-DVB は橋かけに用いられない。

　次にスチレンと p-DVB の共重合体の例を示す（次ページ上段）。

　このスチレン-ジビニルベンゼンの共重合体は，均質で無色透明の球状粒子である。このほかスチレンのかわりにアクリル酸エステル類，アクリロニトリル，ビニルピリジンなども用いられる。また橋かけ剤としても DVB の外にトリビニルベンゼン，トリイソプロペニルベンゼンなども用いられる。

　次に主なイオン交換樹脂の種類と製法を示す。

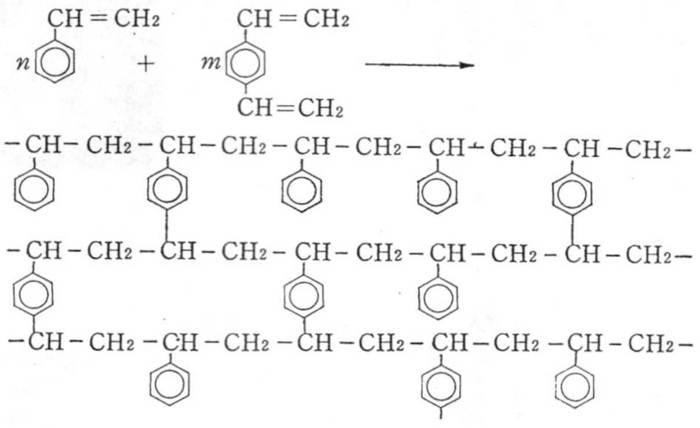

$$\underset{n}{\overset{CH=CH_2}{\bigcirc}} \quad + \quad \underset{m}{\overset{CH=CH_2}{\underset{CH=CH_2}{\bigcirc}}} \quad \longrightarrow$$

（化学構造式：スチレンとジビニルベンゼンの共重合体）

A）陽イオン交換樹脂 (cation exchange resin)

(1) **スルホン酸樹脂** $-SO_3H$ だけを有するもの（強酸性）

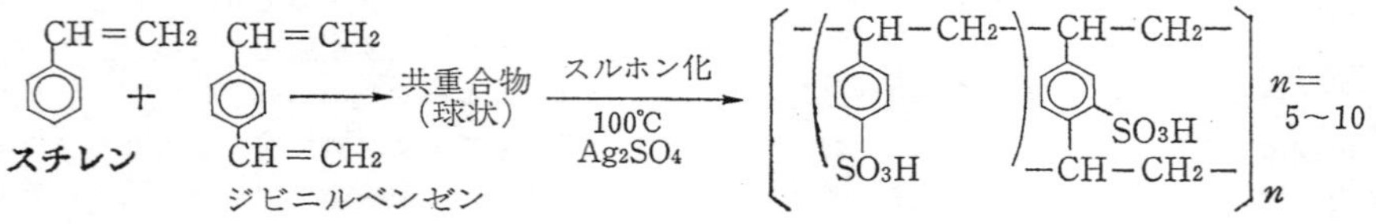

$$\underset{\textbf{スチレン}}{\overset{CH=CH_2}{\bigcirc}} \quad + \quad \underset{\substack{CH=CH_2\\ \text{ジビニルベンゼン}}}{\overset{CH=CH_2}{\bigcirc}} \quad \longrightarrow \quad \underset{（球状）}{\text{共重合物}} \quad \xrightarrow[\substack{100℃\\ Ag_2SO_4}]{\text{スルホン化}} \quad \left[\begin{array}{c} \text{（化学構造式）} \end{array} \right]_n \quad \begin{array}{c} n= \\ 5\sim10 \end{array}$$

　　生成物はイオン交換容量大きく，安定，耐酸化性，耐熱性で強酸性陽イオン交換体として最も重要である。定量的研究や分析化学上優秀である。

　　以上の中でジビニルベンゼンの多寡により性能を異にする。多いものはスルホン化が次第に困難で，交換速度小さく，また大きいイオンが樹脂の内部へ入りにくい（交換選択性大），反面に膨潤度が少なくなる。一般品は見掛け比重 $760\sim800\,g/l$，含水率43～47%，耐熱温度120℃（Na 塩）である。

(2) **フェノール・スルホン酸樹脂** $-SO_3H$，$-OH$ を同時に含むもの（強酸性）

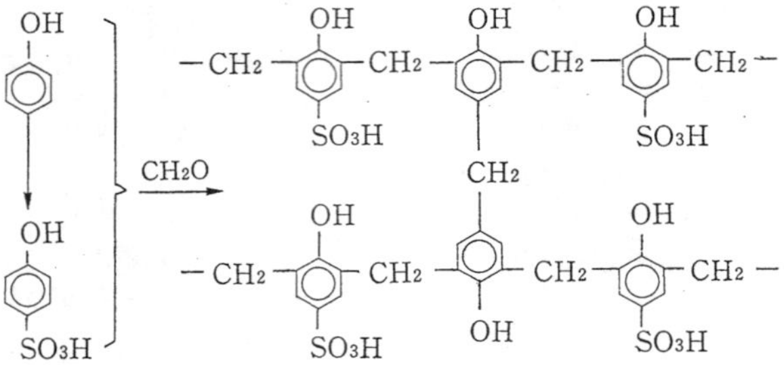

（化学構造式：フェノールとCH₂Oの反応）

pーフェノールスルホン酸ホルマリン樹脂
（ダイヤイオンK）

その他

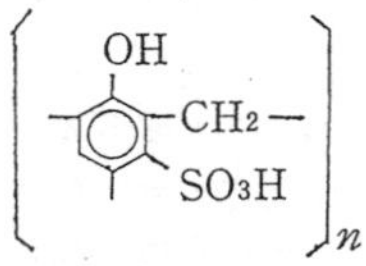

（化学構造式）　　　　　（化学構造式）

mーフェノールスルホ
ン酸ホルマリン樹脂

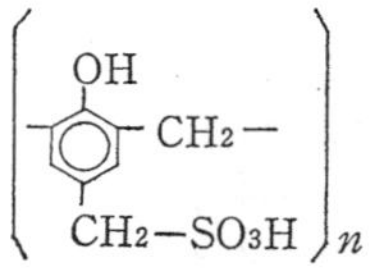

フェノール ω ースルホ
ン酸ホルマリン樹脂

(3) **カルボン酸樹脂** -COOH のみを有するもの（弱酸性）

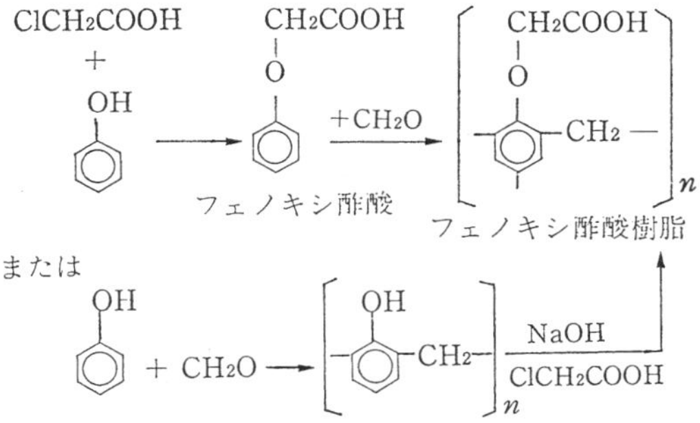

ClCH2COOH
+
OH
CH2COOH
O
+CH2O
CH2COOH
O
CH2
n
フェノキシ酢酸
フェノキシ酢酸樹脂
または
OH
+ CH2O
OH
CH2
n
NaOH
ClCH2COOH

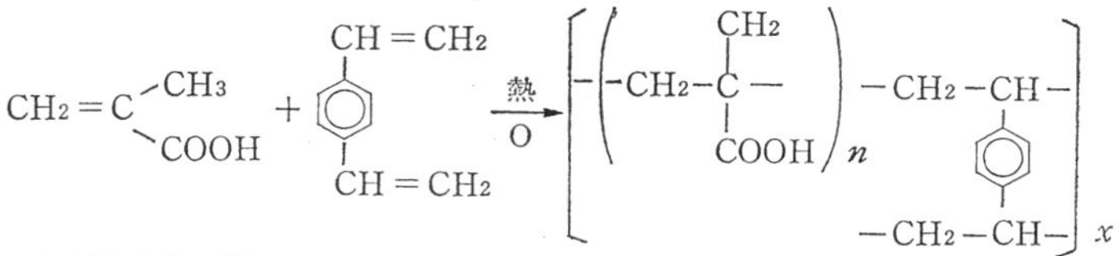

CH2=C
CH3
COOH
+
CH=CH2
CH=CH2
熱
O
CH2
CH2-C
COOH
n
CH2-CH
CH2-CH
x

メタアクリル酸　ジビニルベンゼン　メタアクリル酸
9　:　1　ジビニルベンゼン樹脂

この型のものは弱酸性であるがマイシン類，ビタミン，アミノ酸などの精製に利用される。球状物の製造も行なわれている。

(4) **フェノールカルボン酸樹脂** -COOH, -OH を有するもの（弱酸性）

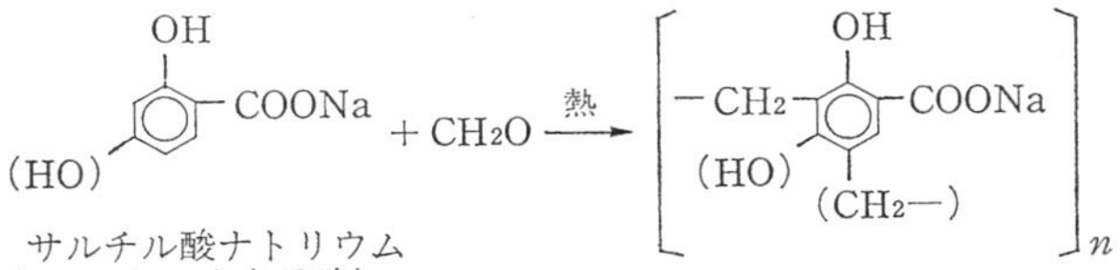

OH
COONa
(HO)
+ CH2O
熱
OH
CH2
COONa
(HO)
(CH2—)
n

サルチル酸ナトリウム
（p-オキシ安息香酸）

サルチル酸樹脂

(5) **R-OH 型レゾルシン樹脂** フェノール性 OH を有するもの（最弱酸性）

レゾルシン，カテコール，フロログルシン，タンニン類などにホルマリンを作用したもの。

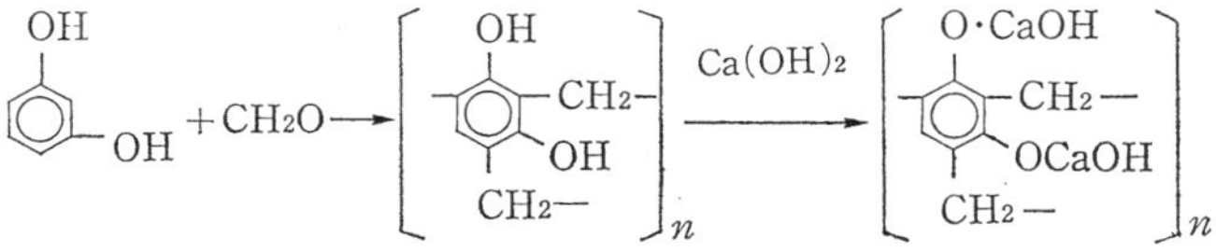

OH
OH
+CH2O
OH
CH2
OH
CH2—
n
Ca(OH)2
O·CaOH
CH2—
OCaOH
CH2—
n

レゾルシン樹脂

(6) **スチレンホスホン酸樹脂** -PO(OH)$_2$ を有するもの

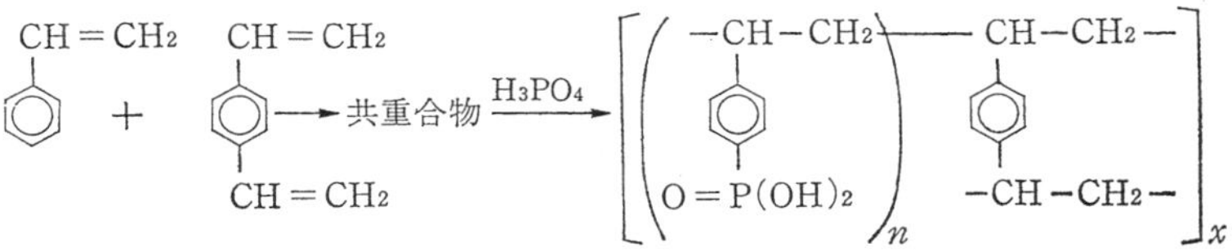

CH=CH2
+
CH=CH2
CH=CH2
共重合物
H3PO4
—CH—CH2
O=P(OH)2
n
CH—CH2—
—CH—CH2—
x

生成物は -SO$_3$H と -COOH との中間の作用を有し，pH により影響する異なったイオンの分離に利用される。

B）陰イオン交換樹脂 (anion exchange resin)

(1) **第四級強塩基型**　R′
　　　　　　　　　　　|
　　　　　　　　　　R_3NX

スチレン・ジビニル共重合体第四級アンモニウム塩化物

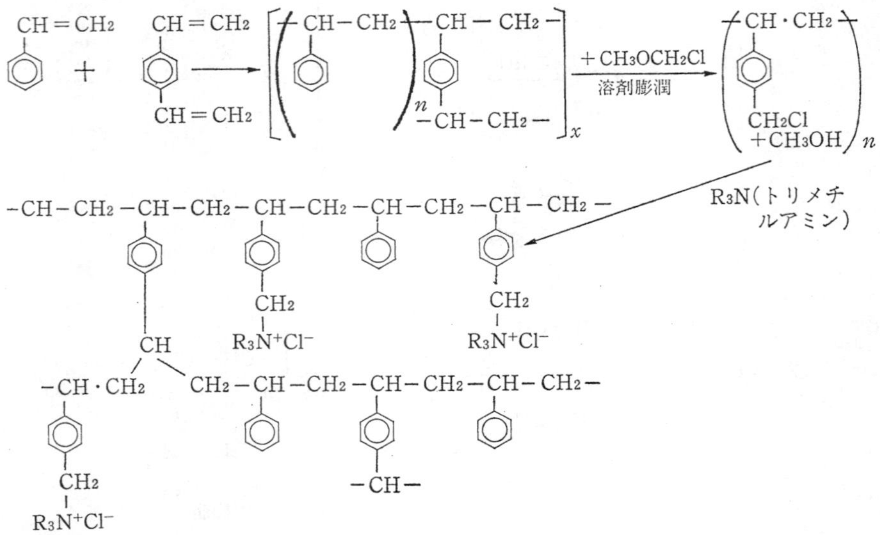

$$CH_2=CH-\langle\bigcirc\rangle \quad + \quad CH_2=CH-\langle\bigcirc\rangle-CH=CH_2 \longrightarrow \left[\left(-CH-CH_2-\langle\bigcirc\rangle\right)_n -CH-CH_2-\langle\bigcirc\rangle-CH-CH_2-\right]_x \xrightarrow[\text{溶剤膨潤}]{+CH_3OCH_2Cl} \left(-CH\cdot CH_2-\langle\bigcirc\rangle-\begin{matrix}CH_2Cl\\+CH_3OH\end{matrix}\right)_n$$

$$\xrightarrow{R_3N(\text{トリメチルアミン})}$$

生成物は淡黄色透明球状，見掛け比重 $640\sim690\,g/l$ で強塩基アニオン交換性を有する。

塩ビ・スチレン共重合体より

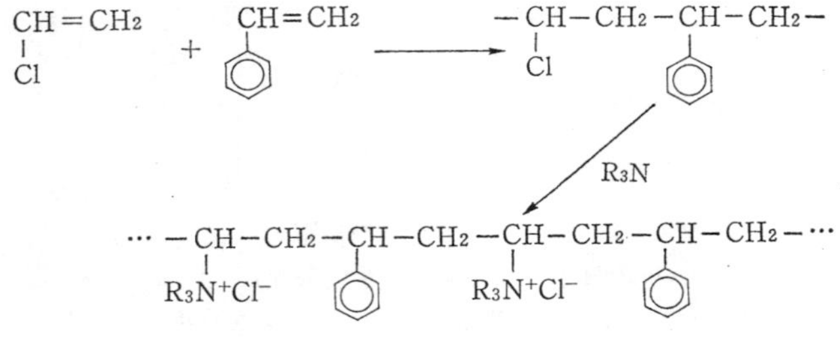

$$\begin{matrix}CH_2=CH\\|\\Cl\end{matrix} \quad + \quad CH_2=CH-\langle\bigcirc\rangle \longrightarrow -CH-CH_2-CH-CH_2- \xrightarrow{R_3N} \cdots-CH-CH_2-CH-CH_2-CH-CH_2-CH-CH_2-\cdots$$

ジアリルアミン重合体より

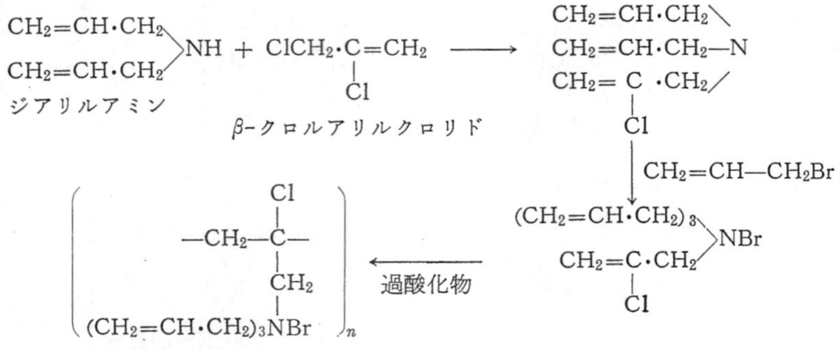

$$\begin{matrix}CH_2=CH\cdot CH_2\\CH_2=CH\cdot CH_2\end{matrix}NH \quad + \quad \begin{matrix}ClCH_2\cdot C=CH_2\\|\\Cl\end{matrix} \longrightarrow \begin{matrix}CH_2=CH\cdot CH_2\\CH_2=CH\cdot CH_2-N\\CH_2=C\cdot CH_2\\|\\Cl\end{matrix}$$

ジアリルアミン　　β-クロルアリルクロリド

$$\xrightarrow{CH_2=CH-CH_2Br} \begin{matrix}(CH_2=CH\cdot CH_2)_3\\CH_2=C\cdot CH_2\\|\\Cl\end{matrix}NBr \xrightarrow{過酸化物} \left(\begin{matrix}Cl\\|\\-CH_2-C-\\|\\CH_2\\|\\(CH_2=CH\cdot CH_2)_3NBr\end{matrix}\right)_n$$

トリアリル-β-クロルアリルアンモニウム臭化物

(2) 脂肪族アミン型　$R_3\equiv N$, R_2NH, $R\cdot NH_2$

$$H_2N\cdot CH_2CH_2NH_2 \quad + \quad ClCH_2CH_2Cl \longrightarrow H_2N\cdot C_2H_4-(NHC_2H_4)_n-NH_2$$

エチレンジアミン　　エチレンクロライド　　　ポリエチレンジアミン

塩基性はやや強い程度である。活性大で再生が容易である。

$$H_2NCH_2CH_2NH_2$$

または

$$NH \begin{cases} CH_2CH_2NH \cdot C_2H_4NH_2 \\ CH_2CH_2NH \cdot C_2H_4NH_2 \end{cases} + CH_2O + \underset{OH}{\bigcirc} \longrightarrow \left[\underset{OH}{\bigcirc} CH_2-N-CH_2- \begin{matrix} | \\ CH_2 \\ | \\ CH_2 \\ | \\ NH_2 \end{matrix} \right]_n$$

または

$$\left[\underset{CH_2-NH \cdot (CH_2)_2 \cdot NH(CH_2)_2-NH_2}{\overset{OH}{\bigcirc} CH_2-} \right]_n$$

$$H_2NCH_2CH_2NH_2$$

または

$$NH \begin{cases} CH_2CH_2NH \cdot C_2H_4NH_2 \\ CH_2CH_2NH \cdot C_2H_4NH_2 \end{cases} + CH_2O + \underset{NH_2}{\bigcirc}^{NH_2} \longrightarrow \left[\begin{matrix} NH-CH_2- \\ \bigcirc CH_2-N-CH_2- \\ NH \quad CH_2 \\ | \quad | \\ \quad CH_2 \\ \quad | \\ \quad NH_2 \end{matrix} \right]_n$$

後者は脂肪芳香族混成アミンで塩基性活性も中程度である。

(3) **芳香族アミンのみよりなるもの**

$$\underset{NH_2}{\bigcirc}^{NH_2} + CH_2O \longrightarrow$$

m-フェニレンジアミン

$$-HN-\bigcirc^{NH_2}_{CH_2-NH-} \bigcirc^{NH_2}_{CH_2} {}^{CH_2-NH-} \bigcirc^{NH_2}_{CH_2NH-}$$

$$-CH_2NH-\bigcirc^{CH_2-NH-}_{NH_2} \bigcirc^{NH_2}_{CH_2-} {}^{CH_2-NH-}$$

m-フェニレンジアミン樹脂

生成物は弱塩基性で初期につくられたものである。

$$\left[\underset{\bigcirc}{-CH-CH_2-} \right]_n + HNO_3 \xrightarrow{H_2SO_4} \left[\underset{\bigcirc}{-CH-CH_2-} _{NO_2} \right]_n \xrightarrow[H_2]{SnCl_2} \left[\underset{\bigcirc}{-CH-CH_2-} _{NH_2} \right]_n$$

ポリスチロール　　　　　　　　　　　　　　　　　　　　　　　　　　　ポリビニルアニリン

C) 両性イオン交換樹脂

一つの高分子単位中にカチオンとアニオンとを共有しているもの。

$$\underset{Cl}{CH=CH_2} + \underset{\bigcirc}{CH=CH_2} \longrightarrow \left[\underset{Cl}{-CH-CH_2-} \underset{\bigcirc}{CH-CH_2-} \right]_n \xrightarrow{R_2N}$$

$$\left[\underset{SO_3Na}{-CH-CH_2-} \underset{R_3N^+Cl^-}{CH-CH_2-} \right]_n \xleftarrow{スルホン化} \left[\underset{R_3N^+Cl^-}{-CH-CH_2-} \underset{\bigcirc}{CH-CH_2-} \right]_n$$

アミノ酸の分離や緩衝剤として利用され学術的に興味がある。また再生の方法により陽，陰イオンいずれにも 利用される。

＜物理的性質＞
　色は白, 黄, オレンジ, 赤カツ, カツ, 黒など各種あり, 特に染色したものもある。一般に半透明または不透明で, 普通製品は水に膨潤した状態で16〜80メッシュで大部分は20〜40メッシュ（粒子直径0.4〜0.6mm）の不定形粒状（粉砕したもの）または球状（懸濁重合したもの）である。密度は見掛けの密度0.6〜0.9, 水で膨潤した樹脂の真密度1.2〜1.4, 水分含有率約50%, スキマ率35〜50%である。耐摩耗性が大で耐熱性は樹脂により異なるが, 一般にカチオン交換樹脂のほうが, アニオン交換樹脂よりも耐熱性は大であり, 中性塩形のものは酸形や塩基形よりも大である。

＜化学的性質＞
　陽イオン交換樹脂は高分子の多価の酸であり, 陰イオン交換樹脂は多価の塩基である。陽イオン交換樹脂は $-SO_3H$, $-COOH$, $-OH$ （フェノール性）を有し, それらの H^+ と他の陽イオンとイオン交換反応を行い陰イオン交換樹脂は OH^- と他の陰イオンとの交換を行う, その主な反応型式は次のようである。

（陽イオン交換樹脂の交換反応）
　　（中和反応）　　R–H＋NaOH ⇌ R–Na＋H_2O
　　　イオン交換基　$-OH$, $-COOH$, $-SO_3H$
　　（中性塩分解）　R–H＋NaCl ⇌ R–Na＋HCl
　　　イオン交換基　$-SO_3H$
　　（複分解反応）　R–Na＋KCl ⇌ R–K＋NaCl
　　　イオン交換基　$-OH$, $-COOH$, $-SO_3H$

（陰イオン交換樹脂の交換反応）
　　（中和反応）　　R–OH＋HCl ⇌ R–H＋H_2O
　　　イオン交換基　$-NH_2$, $-NHR$, $-NR_2$, $-N^+R_3$
　　（中性塩分解）　R–OH＋NaCl ⇌ R–Cl＋NaOH
　　　イオン交換基　$-N^+R_3$
　　（複分解反応）　R–Cl＋NaBr ⇌ R–Br＋NaCl
　　　イオン交換基　$-NH_2$, $-NHR$, $-NR_2$, $-N^+R_3$
　　　（R：交換基イオンを含む不溶性母体）

〔用途〕
1）不純物イオンの除去：純水製造, 硬水軟化, ショ糖, グルコース, 水アメ, グリセリン, アルコール, 油脂, ガスの精製, ホルマリン中のギ酸の除去など
2）貴重なイオンの分離抽出：希土類元素, 超ウラン元素の分離抽出, ビタミン, アルカロイド, アミノ酸, 抗菌性物質の抽出精製　3）分析化学：微量物質の定量　4）イオンの置換　5）酸, 塩, 塩基の製造　6）緩衝剤 7）ガスの吸着　8）触媒：エステル化, 加水分解, アルドール縮合, ショ糖の転化などの触媒　9）医薬　10）抗菌剤

イオン交換膜
　薄膜状に成形されたイオン交換樹脂で, 本質的には粒状のものと同じであるが, その用途の大部分は, イオンの符号による隔膜である。カチオン交換膜は, スルホン基 $-SO_3H$ を膜内に有し, Na^+, Ca^{2+} などのカチオン（陽イオン）を透過し, アニオン（陰イオン）を透過しない。またアニオン交換膜は, 四級アンモニウム塩基 $-NR_3OH$ を有し, Cl^-, SO_4^{2-} などのアニオンを透過し, カチオンを透過しない。この両者を隔膜として, 食塩 NaCl 水溶液に電流を通ずると, イオンの移動が起り, 食塩の除去または濃縮を行うことができる。またカチオン交換膜を交互に直列に並べた室をいく組か並べて両端に極を配置すると, イオンの移動により一つおきに濃厚液と希薄液を含む室にすることができる。海水のように2〜3%程度のイオンを含む水溶液は, 水, 食塩のいずれを採取することを目的としても, 90%以上の水を蒸発や冷凍によって分離する方法に比べ, 量の少ないイオンのほうを移動させることはエネルギー的に有利である。現在諸外国においては脱塩水の製造, 日本においては, 食塩の採取が本法によって工業化されている。

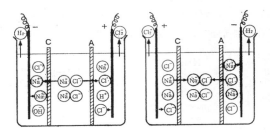

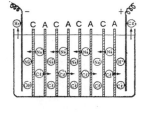

図　イオン交換膜（Cは陽イオン, Aは陰イオン交換膜）を用いた電気透析

（上左図では食塩が除去され, 同右図では濃縮される。したがって, 下図のような組合せでは効率よく濃縮, 希釈が行われる）

【問題】　合成樹脂A（軟化点約140℃）を熱分解したところ沸点145℃の無色透明な液状化合物Bが得られた。Bの元素分析の結果は炭素92.3%, 水素7.7%で, もとの合成樹脂Aと同じ組成であり, またその蒸気密度は同温, 同圧における酸素の密度の3.25倍であった。Bに低温で臭素を作用されたところ, 臭素は吸収され融点74℃の結晶C（分子量264）を生成した。
　一方, Bにごくわずかのジビニルベンゼンを添加して重合させると合成樹脂D（軟化点約170℃）が得られた。Dをさらに濃硫酸と反応させると酸

性樹脂Eが得られ，この樹脂Eを詰めた円筒に上から塩化ナトリウム水溶液を通すと下部から酸性水溶液が出てきた。

問(1) 化合物Bの分子式および構造式を記せ。
(2) 合成樹脂Aと合成樹脂Dの軟化点の相違する理由を10字以内で述べよ。
(3) 合成樹脂Dから酸性樹脂Eが生成する化学変化の反応名を記せ。
(4) 酸性樹脂Eは一般に何に利用されているかを記せ。
(5) 酸性樹脂Eを詰めた円筒に塩化ナトリウム水溶液を通した時の化学変化を化学反応式で記せ。　　　　　（昭和57年　三重大）

【解説】　Bの組成式（実験式）

$C:H = \dfrac{92.3}{12} : \dfrac{7.7}{1} = 7.7 : 7.7 = 1 : 1$

組成式は，CH
Bの分子量：$32 \times 3.25 = 104$
∴　分子式　C_8H_8

$Br_2(=80 \times 2=160)$。C_8H_8 は 1 mol の Br_2 を付加するから，Bはスチレンである。

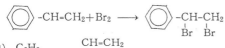

問(1)　C_8H_8

問(2) 合成樹脂Aはポリスチレンで分子は直線的で軟化点は低いが，ジビニルベンゼンとスチレンの共重合体は架橋が行われ網目構造になり軟化点は高くなる。
(答) Dは網目構造をもつ。
問(3)　スルホン化
問(4)　陽イオン交換樹脂として利用される。
問(5) $(R-SO_3H)_n + n\,NaCl$
　　　　　$\longrightarrow (R-SO_3Na)_n + n\,HCl$

【問題】　次の文章の □ の中に(ア)～(ケ)から適当な語を選んで記号で答えよ。
陽イオン交換樹脂は分子中に $^1\square$ または $^2\square$ をもつ。これらの基の $^3\square$ は水中の $^4\square$ と交換して $^5\square$ となる。0.1 mol/l の硫酸銅溶液 10 ml を陽イオン交換樹脂に通じて，完全に水洗した場合，流出した溶液を 0.025 mol/l の $^6\square$ 溶液で中和滴定すると，終点までに $^7\square$ を要する。

(ア) アミノ基　　(イ) カルボキシル基
(ウ) アルデヒド基　(エ) スルホン酸基
(オ) OH^-　　(カ) H^+　　(キ) H原子
(ク) Na^+　　(ケ) 酢酸　　(コ) 水酸化ナトリウム
(サ) フェノールフタレイン　(シ) 硫酸
(ス) 10 ml　(セ) 20 ml　(ソ) 40 ml
(タ) 50 ml　(チ) 80 ml　(ツ) 100 ml
(テ) 陽イオン　(ト) 陰イオン
(ナ) 両性電解質　　（昭和53年　島根医大）

【解答】　1―(イ)　2―(エ)　3―(キ)　4―(テ)　5―(カ)
6―(コ)
7　0.1 mol/l $CuSO_4$ 溶液 10 ml 中の Cu^{2+} は

$\dfrac{0.1}{1000} \times 10 = 1.0 \times 10^{-3}$ mol

だから，それと交換して生ずる H^+ は $1.0 \times 10^{-3} \times 2 = 2.0 \times 10^{-3}$ mol であるから，これを中和するに要する 0.025 mol/l NaOH の体積を x ml とすると，

$\dfrac{0.025}{1000} \times x = 2.0 \times 10^{-3}$

∴　$x = 80$ (ml)

【問題】　A群の物質と，B群の物質とを原料として，C群の手段や方法を用い，D群の工業製品や材料などをつくるのに，最も適当な組み合わせを例にならって記せ。ただし，同一数字の使用は一回に限る。
例　A―(1)，B―(7)，C―(13)，D―(20)

A群
(1)水素　　(2)スチレン　　(3)ブタジエン
(4)二酸化ケイ素　(5)石炭酸（フェノール）
(6)コークス

B群
(7)窒素　　(8)ホルムアルデヒド
(9)水酸化ナトリウム　(10)水蒸気
(11)アクリロニトリル　(12)ジビニルベンゼン

C群
(13)加圧・触媒　(14)共重合　(15)付加重合
(16)付加縮合（縮重合）　(17)共重合・スルホン化
(18)融解・煮沸　(19)加熱

D群
(20)アンモニア　(21)気体燃料
(22)イオン交換樹脂　(23)合成ゴム
(24)界面活性剤　(25)電気絶縁材料・接着剤
(26)水ガラス・多孔質乾燥剤
（昭和57年　広島大）

【解答】

	(a)	(b)	(c)	(d)	(e)
A	2	3	4	5	6
B	12	11	9	8	10
C	17	14	18	16	19
D	22	23	26	25	21

（完）

理系大受験生のための本格テキスト＝玄文社の理科特論シリーズ

<定価は消費税を含んでおります>

▶物　理／波田野　彰著

身近な現象から学ぶ物理
――自然の基本概念をつかむために

定価2100円（〒260）

◆新刊・波田野彰の物理◆

受験に役立つとは何であろうか？　受験に役立つと称する、いい換えれば受験にしか役立たない参考書が氾濫したなかで、本書は一線を画するものである。物理学本来の学問的深さに目を据えて、あくまで正統にあくまで熱心に物理学を学んでいこうとする若い世代にこの書を読んでもらいたい。身近な現象を出発点としてそこに物理学の英知の原理が生きづいていることを発見できたものは、世界を哲学することも可能なのである。将来、自然科学を学ぼうとする若い人たち、理学部・工学部に進学したい人、あるいは既に大学で物理学を学んでいる人にとって格好の知的テキストとなるであろう!!

▶物　理／井上　望著

力学特論　　電磁気学特論　　熱・波動・光原子（核）物理特論

定価830円（〒210）

定価1050円（〒210）

定価1050円（〒210）

公式の丸暗記だけでは物理学を学ぶことはできない。諸法則を原理からきちんと説き起こし導きだしている点に本書の特色がある。適切な問題と丁寧な解説を読みながら、物理学における微積分解法にも熟知でき、高校物理の全体像がつかめるように工夫されている。

▶生　物／佐藤八十八著

生物学の48講話
――かたちと仕組みと動きとつながりと

定価2300円（〒310）

「私のイメージした読者は、"高等学校で生物を学び受験科目として生物をとる人"、"生物に興味をもっている人"」と著者が語るように、生物及び生命の不可思議な神秘にとらわれた人なら十分読むに耐える内容となっている。一言でいえば、類（たぐい）稀（まれ）な参考書なのである。生物学といえばこれまでの説明型・知識伝授型の参考書が多い中に、著者の人柄がこれほどまで強烈ににじみでた本はないだろう。サブタイトルにつけられた＜こだわり＞の言葉が示すごとく、スンナリ読めそうもない異色のテキストだ！

受験レベルから進学レベルまで一貫＝玄文社の理科特論シリーズ

▶化　学／大西　憲昇著

＜定価は消費税を含みます＞

◆大西の化学特論シリーズ◆

　もはや高校レベルでは入試には勝てない――著者の永年にわたる受験指導の信念から発せられたこの言葉通り、入試化学は年々高度化し、それに応じての学力の補強は必須のこととなった。このシリーズでは過去の入試問題はいわずもがな、大学教養課程で学ぶ化学理論まで踏み込んで詳細・平明に解説されている。さらに読者が化学がいかに面白い学問であるかを実感できるように、一貫した懇切な教育的視点からまとめられていることに特色がある。

有機化学特講

定価2580円（〒260）

有機高分子化合物
――有機化学特講続編

定価1240円（〒210）

無機化合物Vol.1
――水素からアルミニウム元素まで

定価1050円（〒210）

入試化学で差をつけるにはこれを知っておけ　No.1～No.3

＜No.1＞

定価2100円（〒210）

＜No.2＞

定価1050円（〒210）

＜No.3＞

定価1050円（〒210）

【著者略歴】 第六高等学校（現 岡山大学）・明治薬科大学・東京大学理学部化学科，ラジオアイソトープ（ＲＩ）スクール基礎課程及び高級課程を経て，理化学研究所核化学研究室嘱託及び明治薬科大学助教授を歴任後，現在に至る。また，長年にわたり，大学受験生および薬剤師国家試験受験生を指導，多くの合格者を出している。専門書多数。薬剤師。ＴＧＢ化学ゼミ主宰。1990逝去。

有機高分子化合物　　　理科特論シリーズ

初　版　61年4月1日
第6刷　令和3年12月10日
著者名　大西　憲昇
発行者　後尾　和男
発行所　株式会社　玄文社
　〒162-0811 東京都新宿区水道町2－15
　電　話　03(5206)4010
印刷所　新灯印刷㈱

掲載記事に関して無断使用を厳禁といたします。